化學實

開外掛

35個生活實驗輕鬆建立科學素養

高中化學教師、YouTuber 陳旂玎（東方王）——著

作者序

一起掉入實作的循環宇宙吧！

完成一項科學實驗、看見眼前現象超乎預期時，參與者常會發問：「為什麼？」這是最簡單卻也最難回答的問題，因為實驗原理從來不是三言兩語就能交代，有些實作成果甚至涉及許多知識累加。

以顏色變化來講，肉眼看到顏色改變象徵著物質發生化學變化，由於現象明顯，稱得上科學遊戲的大宗。酸鹼指示劑顏色不僅幫助我們將物質區分成兩類，還能帶出阿瑞尼士酸鹼定義，其中氫離子（H^+）、氫氧根離子（OH^-）符號不只包含電解質概念，更涉及原子、電子、質子……等微觀粒子觀點；維生素C使碘酒溶液褪色也是顏色變化，參與反應的物質竟是大學無機化學才能細講的三碘陰離子，過程主要概念則是氧化還原 —— 不是國小提及的「物質和氧結合（失去氧）」那種狹義氧化（還原），而是「物質失去電子（得到電子）」的廣義氧化（還原），還連帶出電池運作原理！

透過科學遊戲帶來驚喜，進而提高學習意願與知識深化，是科學教育的理想。但可惜的是在教育現場，許多活動往往徒具形式，實驗過後的知識也只是零碎、片段、不連貫的輕輕帶過。

某次實驗課，我讓學生把數種藥品彼此混合並做觀察紀錄，某組學生在「酸滴加到碳酸鈉溶液」那一欄寫下「沒有變化」。我走近一看，混合液像雪碧那樣，透明但充滿氣泡，我立刻提醒他們更仔細觀察，得到的回應是：「有泡泡也算？」緊接著大家不約而同探頭看隔壁，確定別人有把泡泡寫上去，才回來安心塗改，同時提出第二個問題：「有泡泡就算是反應？」

經過各種暗示，孩子們終於恍然大悟，原來是那個啊！他們自信滿滿改寫觀察紀錄：產生二氧化碳氣體。欸不是，你們沒有做進一步檢測，怎麼用肉眼「觀察到」氣泡成分是二氧化碳？

第一個班遇到時當作特例，但第二個班，甚至隔年的學生做實驗時也出現類似情況，我腦中浮現千百萬問號：氣泡難道不是混在一起才產生？產生氣體難道不是化學變化？考試問「怎麼檢驗氣體是否為二氧化碳」時，你們不是都會回答「澄清石灰水」？退一萬步來講，請你們實作並記錄所觀察的現象，卻不敢把看到的結果記錄下來又是怎麼回事？

回想自己的求學歷程，真看過滴加酸產生氣體？沒有。沉澱表背了老半天有看過沉澱？沒有。點火觀察物質焰色的經驗，還得等到當老師參加研習的時候啊！課堂時間不足是個問題，但另一個原因，是不是因為我們總把做實驗想的太專業、遙遠？其實實驗室用鹽酸，日常的醋或檸檬酸就能取代；實驗室用的罐裝碳酸鈉，小蘇打或蛋殼也都能替代啊！

從這個想法出發，我開始了一段用生活素材當原料的實驗冒險，對象就是心中那個學生時代的自己，目標是能用最少的花費成本，憑一己之力蒐集到所有材料。現在雖然化工行不算稀有，網購平台更是方便，但不是每個學生都有經濟資源與家庭支持，所以我很堅持材料的來源就是超市賣場、雜貨百貨、藥局……這些日用品購買場所。

用藍色玻璃紙濾光，一般光源就能驗鈔；拿鉛筆磨出碳粉，搭配棉花即可體驗指紋採集。沒有醋酸鈣溶液，就利用醋與蛋殼反應後的殘液替代。或是報廢雷射筆鏡片、沒用的充電線、用畢的打火機……從專程尋找材料到廢物利用，這種居家化學實驗涵蓋範圍越來越廣，許多實驗原理彼此互通甚至能互相解釋，我也逐漸有個大膽點子：能不能把實驗串聯起來，變成一份打破章節限制的科學教材？

燕樵的成書邀約就是那麼剛好在那個時候，這促使我放慢發想新實驗的腳步，專心審視現有材料，模仿門得列夫用紙卡，把各種實驗列出來分類、排列、找規律與層級關係、畫心智圖……沒有數天不睡覺，卻也花了數週才讓想法越來越明朗。但有架構到寫出來，再到寫出想要的內容，又已是一年過後。由衷感謝她不離不棄，過程中細心分享觀點，耐心等我追上她的思維，陪著絞盡腦汁卻從不試圖干涉過多，沒有這些過程就不會有這部作品。

這本書嘗試用材料易取得的實驗引誘讀者動手，再用類似材料設計下一個實驗，讓人掉入實作的循環宇宙。以趣味角色對話推進的說明乍看各自獨立，實際上環環相扣、逐步深化，依循科學史推進的專欄節奏則先慢後快。創造另一種不同於教科書編排的教學方式，讓讀者以更宏觀的眼光，緩慢而踏實地步入科學殿堂。

從教學走到居家實驗，再從實驗走回教學，私心期盼能寫出一本既是科普書，是故事書也是參考書的作品，讓有心在課餘時間進行實作，卻苦無資源的學生，能用更簡單的方法享受科學！

陳旆玎（東方王）

好學又好玩的網紅化學書

我很榮幸能為阿玎老師所撰寫的新書《化學實驗開外掛》寫推薦序。說它是一本非常實用的「家庭化學實驗指南」並不為過，因為書中提供了三十幾個小實驗，內容五花八門，原理涵蓋酸鹼反應與指示劑變色、焰色試驗與光化學、酵素催化、滲透作用、氧化還原、熱分解，以及近期在高中探究與實作課程中較夯的刑事鑑定科學等。

這本書的獨特之處，在於它融合了化學實驗和日常生活，阿玎老師選用了許多家庭中常見的物品來當實驗器材，比如利用報廢的雷射筆的鏡頭改造成手機顯微鏡；拆解不用的打火機的壓電裝置來製作酒精炮的發射器；利用手電筒加上藍色玻璃紙改造成觀察螢光的利器；此外鋁箔紙、快乾接著劑、廚房中的食醋、鳳梨、吉利丁、小蘇打、薑黃粉，還有浴廁中的水管疏通劑都成了實驗的主角。每個實驗都讓讀者更好地了解周遭的環境，鼓勵讀者在日常生活中尋找化學實驗的靈感。這將激發讀者對化學的興趣，讓他們可以更簡易的方式探索化學的奧妙。

我認識阿玎時間不久，她是一位非常特別的人，YT上自稱「東方王」，錄製的五百多支化學課程影片、兩萬多人訂閱，無私地為迷航於化學百慕達的高中學生提供指引，這樣略有聲量的「網紅」，身邊的圍繞的摯友是一群叫「明治」的鳥兒兄弟姊妹們。她常常說自己是一個邊緣人，但這並沒有影響他成為一位出色的化學老師，她的獨特與創意，總是可以找到非常有趣的方法來教學，讓學生感到興趣盎然，而不是乏味無聊；她的熱情與單純感染了很多學生，讓他們對化學產生了濃厚的興趣，就如書中引人入勝的內容與鋪陳一樣。

最後，我要再次感謝阿玎的努力，她的工作為讀者提供了一個簡單易懂的方式，讓他們可以通過自己的實驗來探索化學的世界。祝各位閱讀愉快！

台中市立大甲高中化學科教師 廖旭茂

好/評/推/薦

（依姓氏筆畫排序）

李大偉

陽明交通大學應用化學系助理教授

這本非常另類的化學實驗書，包含了三大特色：

1. 實驗材料隨手可得，如超市賣場、雜貨百貨、藥局。
2. 每個實驗內容的開場都先來一場四人鬥嘴鼓，讓實驗解說變得更有趣。
3. 每個實驗都標上108課綱自然科學習內容的次主題。

書中包含30多個實驗活動，不但適合學生在家玩化學實驗，也適合老師上課用於示範教學，更適合大學生到偏鄉服務學習使用。極力推薦！

周芳妃

北一女中化學科教師、110教育部師鐸獎得主

創意十足的東方王在此幫你的本領開外掛，實驗安全一把罩！不要錯過這本好讀、好記又有故事的化學實驗祕笈！

林威志

高雄中學化學科教師

本書藉由生活可隨手取得的實驗材料，觀察到不同的化學反應現象，同時連結專業學習內容及明治操作安全細項，引起讀者想跟著動手做的樂趣，值得大大推薦！

邱美虹

台灣師範大學科學教育研究所名譽教授

好奇心是驅動我們探索世界的原動力，而從好奇到動手做的距離有多遠，就看讀者有多少行動力。本書透過簡易生活素材讓讀者透過動手做實驗和文中相互的提問解惑，來縮短與科學的距離，而浸淫在探索科學的世界裡。

周金城

台北教育大學自然科學教育學系主任

本書以有趣的四個角色對話情境，將動手做生活化學實驗串聯起來，能幫助讀者認識基礎化學反應的原理，並指出與國中相關學習內容與實驗安全事項。各實驗最後延伸思考的問題，可再進行探究與實作，值得閱讀。

劉曉倩

彰化高中化學科教師

我跟施玎老師是在研習時認識的，日後得知原來施玎老師就是東方王，在YouTube上有許多化學教學影片供學生免費學習，更覺得她真的是熱血、有想法，又有行動力的老師！

我最喜歡書中的插圖，少了冗長的文字說明，學生更容易了解。我也是明治的粉絲，透過明治的實驗安全溫馨提醒，讓家長可以放心讓孩子在廚房fun科學！

陳逸年
桃園市立大園國際高中化學教師

化學知識「所學何用」是閱讀過程中不斷被觸動的感想，本書用人物扮演、真實情境帶入趣味實驗並提醒與學科知識的相關性，可作為教師課程延伸參考，亦可當作學生自主學習的指引手冊！

陳映辛
竹山高中化學科教師

利用日常材料進行實驗，引導讀者學習，再延伸進階問題讓讀者思考。真正將科學融入生活，在生活中應用科學，非常適合國小或國中學生自學！

張明娟
桃園市立武陵高中化學科教師

在實驗中，孩子們不僅可以體驗到化學的神奇，也增強對知識的理解和記憶，激發學生對科學的熱愛和創造力。教師更可參考本書開設相關的選修課程，提升學生的手作能力。

張維敦

中央警察大學鑑識科學學系教授、CSI鑑識體驗營營主任兼執行長

本書內容幾乎是每個人生活中都可觀察得到的事物與現象，特別以劇情演出方式透過各種角色扮演，強調故事性與實作性，從提問到解答帶出多樣化的科學原理與方法思維。只要經常保持好奇探究的心態，學習內容不分深淺，探究標的沒有大小，快樂成長不必遠求，身邊便有！

施建輝

清華大學師資培育中心兼任講師級實務教師、竹科實中化學科教師

這是一本實驗室就在家裡的書，材料可從家裡取得、就在家裡做實驗，經實作觀察化學反應並與生活經驗結合，能啟發學生對科學的興趣，是一本極佳的科學啟蒙書籍！

鍾曉蘭

新北市化學課程發展中心執行祕書

作者以生活隨處可見的情境與物品，深入淺出的說明有趣且易於觀察的化學變化，讓讀者輕鬆獲得知識，進一步延伸相關問題，有助學習與思考！

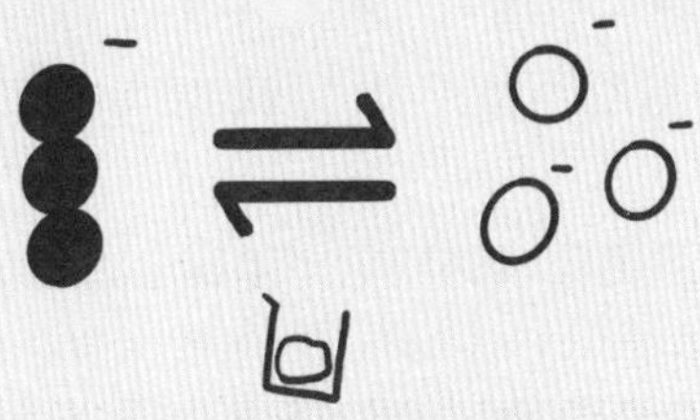

實驗公約

★ 我會仔細閱讀安全提示，依照實驗內容，著手套、護目鏡（或眼鏡）、實驗衣、長褲與包鞋等適當防護衣物，並將長頭髮捆紮成束。

★ 在動手前，我已經清楚每個步驟流程，只需簡單提示就能記得操作，不會等到實驗當下才翻書。

★ 我不會在實驗過程中有奔跑、將藥品隨意噴灑、把子彈對準人發射……等危險行為。

★ 如果用到刀片、鉗子等危險工具，或是進行加熱烹煮時，我都會特別謹慎，必要時會在家長／監護人／教師協助下進行。

★ 用火前我會確實淨空周邊確認無易燃物，準備好滅火用的濕抹布，經過家長／監護人／教師檢查同意或陪同時，才點火實驗。

★ 實作前、後，我都會用肥皂確實洗手。

★ 每次實驗後，我都會確實清洗器材，並整理實驗空間。

★ 過程中如果不慎沾到藥品，我會以清水沖洗而不驚慌。

★ 如果遇到意外造成小型火災，我能冷靜應對，確實以濕抹布覆蓋滅火。

★ 我一定會好好愛惜明治的羽毛，用盡全力確保實驗安全！

CHARACTER
登場人物

阿樵

創意第一名，想法天馬行空，愛動手而且實作起來俐落又順暢，喜歡發想卻不擅長考試。

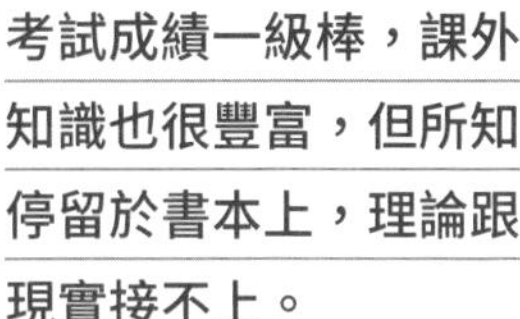

汶汶

考試成績一級棒，課外知識也很豐富，但所知停留於書本上，理論跟現實接不上。

東方王

心血來潮就忍不住用身旁素材做實驗，搞得夥伴鸚鵡也變成實驗達人（達鳥？）的熱血化學老師。

明治

口頭禪是「什麼鳥啊」的金剛鸚鵡。很怕漂亮羽毛被燒掉，因此對實驗安全很講究！

目錄 CONTENTS

第一單元
搞懂滲透，就從一顆蛋開始

第二單元
燒個東西也能引出一籮筐學問？

第三單元
我們不貪吃，只是有些實驗需要…

PART

第一單元

搞懂滲透，
就從一顆蛋開始

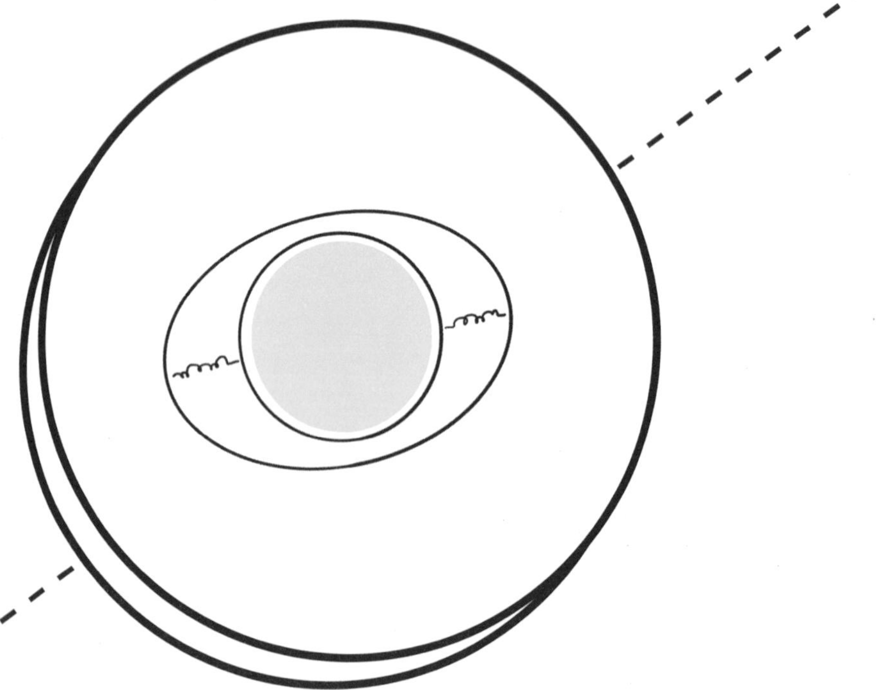

EGG+OSMOSIS

早餐荷包蛋、午餐滷蛋、晚餐再來個番茄炒蛋，修蛋幾勒！製造出這麼多蛋殼垃圾，別直接丟掉，它能教你的化學可多了。

在這個單元，新來的怪怪化學老師東方王和他的快樂鸚鵡夥伴明治，在早餐店開始第一堂課，帶你親眼見證化學反應發生，再應用相同原理做出無殼蛋，進一步了解半透膜特性及滲透作用。

START

中學相關學習內容

細胞的構造與功能（Da）
水溶液中的變化（Jb）
酸鹼反應（Jd）

大理石很貴，不酸它也能製造二氧化碳

：…掃廁所時鹽酸滴到大理石地板…（在早餐店邊吃邊寫作業）

：答案是二氧化碳，CO_2！

：這樣只是寫題目，都沒做實驗好無聊…

：希望新來的老師會帶我們做實驗。

：（探頭看）

：大家一起拿鹽酸去洗廁所嗎？

：啾啾啾，危險警告！

：你媽在你背後她非常緊張...還好這個實驗可以拿老闆剛剛打完的蛋殼加醋代替！

：（你是誰？）

實驗 EXPERIMENT

實驗材料：蛋殼、醋、汽水飲料或其他溶液、碗

實驗步驟：

❶ 敲碎蛋殼放在碗中，倒入食用醋，觀察變化。

❷ 重複上面實驗，並將食醋換成其他家中可得溶液，逐杯加入蛋殼中，尋找看看哪些溶液也會和蛋殼反應、這些物質有沒有共同性？

：臭臭…好像有人在瞪我們…

：臭是因為發生化學反應啦！他們一定很想加入實驗。

：你又是哪位？

：對明治無禮的學生小心被我直接當掉！

化學反應發生，表示物質在本質上已發生改變，雖然外表不一定有變化，但有些反應會伴隨著肉眼可見的差異，例如顏色改變、燃燒、產生氣體甚至有氣味……等，看到這些現象，就是發生化學反應了。

相對於化學變化，水的凝結、酒精揮發這類三態轉變，則是**物理變化**，這兩種變化之差異，除了物質是否轉變成不同成分外，也可以用**能量**的角度來思考。物理變化需要的能量較少、化學變化則較多，所以一灘水在太陽下曝曬，會發生物理變化變成水氣而乾掉，但不會被陽光分解成氫氣及氧氣（這兩種氣體是水的成分元素），因為陽光提供的能量還不足以促使「水分解」這個化學反應發生。

：醋可以取代鹽酸反應，那清潔用的檸檬酸也可以吧？

：記錄在表格上吧，蛋殼加醋或檸檬酸，都會有二氧化碳。

：我只看到泡泡，哪知道是二氧化碳？

：因為你沒認真上課啊！

：的確看不出來，面對未知氣體別擔心，回想一下性質就好。

大理石的主要成分是碳酸鈣，這個成分同樣也是組成貝殼、蛋殼的物質。因此利用蛋殼取代大理石進行實驗，可以發現滴加各種酸性溶液時，都能看到類似現象，也就是**產生氣泡**。

一開始不確定反應物種類與實際反應式前，肉眼觀察到氣泡只能表示有氣體產生，但不必然是二氧化碳。為了驗證氣體種類，可以利用氣體特點，例如將點著的線香或加長型打火機靠近容器底部，火焰會在還沒接觸液面前熄滅，正是因為二氧化碳**不可燃也沒有助燃性**。

：原來可以這樣驗證氣體種類。

：我記得還可以用澄清石灰水檢驗二氧化碳，氣體通入會有白色混濁！

：打火機還比較容易取得，但石灰水…

：這個簡單，一包石灰乾燥劑就可以解決。

：石灰遇水會發燙，剪開後要小心喔！

：這樣就可以放心在反應式裡寫上二氧化碳啦！

：不只如此，你還可以加個（*g*）來表示那是氣體喲！

在書寫化學反應方程式時，除了反應物與生成物，還會以括號來表示物質在反應中所處的狀態：（*s*）表示固態（solid）、（ℓ）表示液態（liquid）、（*g*）表示氣態（gas）、（*aq*）則表示此物質溶在水中呈現水溶液態（aqueous）。

由此可將主要反應成分寫為：

碳酸鈣（*s*）+醋酸（*aq*）→醋酸鈣（*aq*）+水（ℓ）+二氧化碳（*g*）

蛋殼主要成分「碳酸鈣（s）」並未溶於水中，所以用固態（s）表示，而反應物「醋酸（aq）」與生成物中的「醋酸鈣（aq）」都溶於水中，所以搭配（aq）這個標示，水本身就是液態，以（ℓ）表示，而肉眼觀察到附著在蛋殼上的氣泡，則是反應產生的二氧化碳氣體，標註為（g）。

需注意**液態**與**水溶液態**兩者本質上不同，以糖為例，將糖與水混合而成的糖水是水溶液（aq），可是不加水直接加熱融化的糖漿，則是物質三態中的液態（ℓ）。

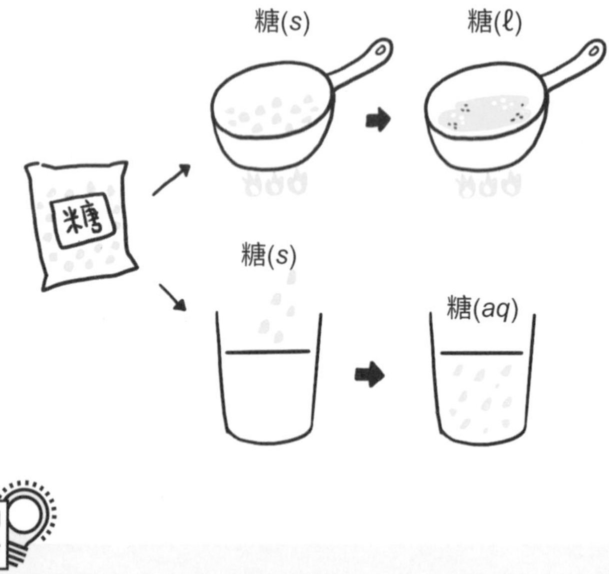

延伸思考

1 本實驗的醋可以使用其他酸性溶液代替，那麼蛋殼也有替代品嗎？

2 試著在家裡將糖（s）變為糖（ℓ），藉此測量糖的熔點為多少度？改製作鹽（ℓ），與前者有什麼差異？

GO!

實驗 1-2

中學相關學習內容

物質的形態、性質與分類（Ab）
物質的分離與鑑定（Bd）
物質反應規律（Ja）

耐心用醋灌溉，成就一顆晶瑩無殼蛋

：看到課本的東西變成真的，有點感動。

：能一邊玩、一邊學，比上課好玩多了。

：欸，你手上不是還有一顆蛋嗎？（眨眼）

：可是我…想要吃荷包蛋…

：為了科學，忍耐一下吧。（拍肩膀）

實驗 EXPERIMENT

實驗材料：蛋、醋或醋精、適當容器

實驗步驟：

❶ 將蛋放在容器中，倒入足以將蛋淹沒的食用醋或醋精。由於反應過程會產生二氧化碳，故不可將容器完全密閉，以免氣體導致容器撐破。

❷ 每隔數小時稍微攪拌觀察，隔天若蛋殼未完全消失但氣泡很少，可用新的食醋溶液替換加速，如此重複直到蛋殼完全消失。

：醋精聞起來比食用醋還要嗆，我看看成分…濃度是40%？

：哇，那用醋精反應應該比較快。

：我想要把蛋殼磨成粉，再加醋精。

：這樣反應一定很快，可能也會…更臭…

：等待蛋殼反應完的過程閒著，就來聊聊反應速率吧！

將蛋殼敲碎磨粉，能增加蛋殼與醋溶液接觸面積，所以反應能夠加速。但濃度的概念則比較抽象，你可以把所有物質都當成微小粒子來想：更濃的溶液中含有更多反應物粒子，能與蛋殼粉末頻繁接觸，反應自然加速。

可以想像在半杯全糖飲料中，加入無糖飲料泡成一整杯，此時會得到一杯半糖飲料，因為裡面的糖並未增加，但溶液體積增大，也就是說想要碰撞到糖粒子變得更加困難，所以一般來講濃度下降，會使**反應速率減慢**。

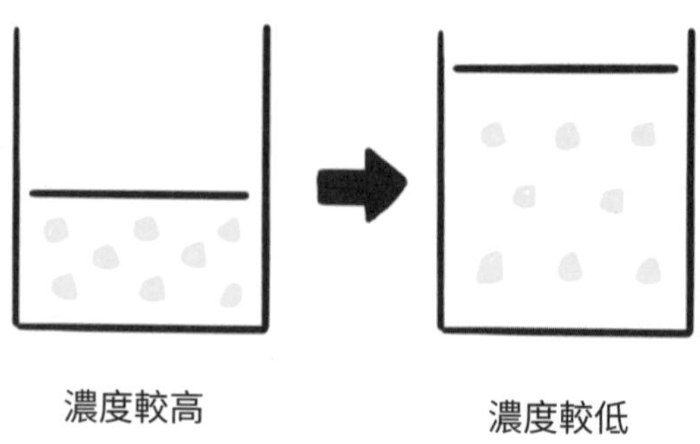

：是說這也泡太久了吧⋯

：我們上課都要遲到了啦！

：啊，用點工具幫忙加速反應好了。

想要徒手剝蛋、保留部分蛋膜還算容易，但想留下完整蛋膜來觀察就困難許多。幸好透過化學反應把殼消耗掉，雖然較花時間，卻能得到完整而漂亮的無殼蛋體。

其實泡到最後只剩下少許蛋殼時，就可以用軟毛牙刷蘸點醋輕刷去除，不過要小心，刷破就前功盡棄啦。

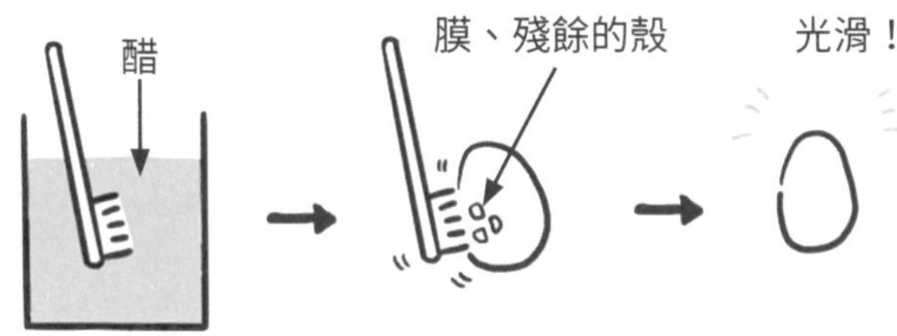

提醒人類洗刷刷時一定要很輕柔！

：這個膜，該不會就是吃茶葉蛋會看到的那層吧？

：就是啊，我印象中這叫卵殼膜。

敲開市售未受精雞蛋，會看到蛋黃、蛋白。其中蛋黃就是一顆**卵細胞**，而仔細在蛋白中找，還能看到原本用來固定蛋黃、破開就脫落的**繫帶**。再觀察蛋黃，裡面有個小白點就叫做**胚盤**，蛋若受精，就會從胚盤這裡開始細胞分裂，漸漸長成小雞並吸收蛋黃、蛋白中的營養。

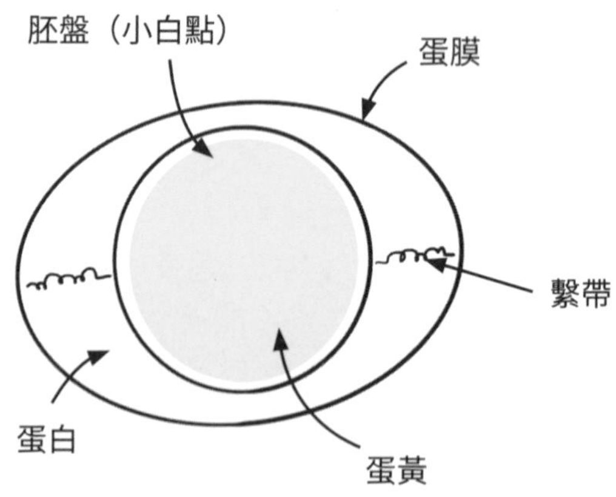

蛋白與殼之間則是**卵殼膜**，也就是俗稱的「蛋膜」，可以隔絕內外減少蛋液水分散失，還有細小孔洞供內外物質交換，結構與半透膜相似，所以泡久一點能觀察到水分滲透進入，使蛋體積更大。

：如果蛋黃是卵細胞，那鴕鳥蛋黃、鵪鶉蛋黃也是嗎？

：好像是欸！細胞大小可以差那麼多？

：當然可以，而且人體白血球細胞跟鴕鳥蛋黃，直徑相差千倍呢！

：哇～什麼鳥啊！

1. 泡完清水的無殼蛋體積變大，有什麼辦法可以讓體積縮小？
2. 使用酸性溶液可與蛋殼作用，那麼鹼性溶液呢？上網蒐集一些資料後預測結果，再進行實驗吧！

中學相關學習內容

動植物體的構造與功能（Db）
化學反應速率與平衡（Je）
科學發展的歷史（Mb）

無殼蛋越長越大，是滲透現象啊別想歪！

：一顆蛋吃不飽，好希望份量多一些…

：那你要來一份…滲透過的蛋嗎？很大顆喔！

：那不就是摻水的蛋？這行為太奸商了！

：喔喔喔，你手上還有蛋？（眼睛發亮），那來做個自製裝置觀察滲透吧！

：（我剛剛好像說自己還沒吃飽？）

實驗 EXPERIMENT

實驗材料：**生雞蛋、透明細吸管、鑿子、鑷子、鐵絲或毛根、白膠、蠟燭、適當容器**

實驗步驟：

❶ **將雞蛋底部（較鈍處）輕輕敲裂，在不破壞蛋膜的情況下以鑷子小心剝除約10元硬幣大小的蛋殼。若不慎有少許裂痕，可燒蠟燭以蠟油滴在表面修補。**

❷ 以鐵絲或毛根折出支架，使蛋懸空固定在杯中，底部蛋膜與杯底相距至少1公分。也可以取用剛好卡住蛋上緣的容器盛裝。

❸ 在蛋的頂部畫出吸管口徑，並用鑿子鑽出破洞、用鑷子小心剝除周邊蛋殼，直到孔徑大小能戳入透明吸管。

❹ 吸管戳入後，先攪拌蛋黃，使蛋液呈黃色方便觀察，接著維持吸管底部浸在蛋液中、上端露出的狀態，在吸管與蛋殼周邊擠上白膠封住破口，僅保留吸管管口與外界接觸。

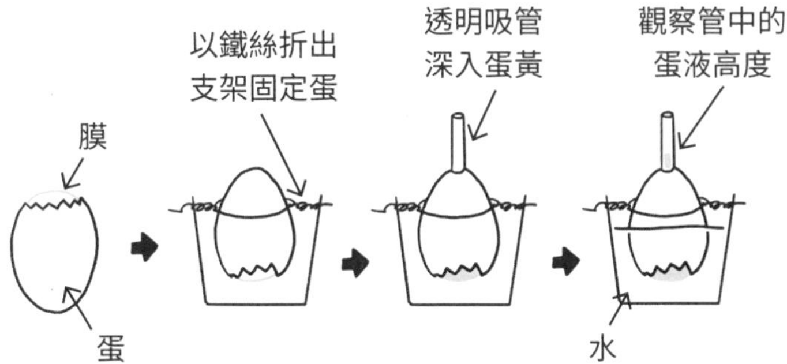

❺ 杯中加水，水量至少淹過半個雞蛋，靜置大約15分鐘再觀察，吸管中蛋液水位已經緩慢上升。

（勞作苦手）：這個實驗裝置也太難做了吧？

：啊？你在做…什麼鳥啊…

（勞作能手）：不會啊我覺得挺容易。

：嗯…如果期中考實作，你們的排名會交換吧？

（慌忙轉移話題）：不管這些了，老師快來說說滲透是怎麼回事！

濃稠的蛋液受到蛋膜（半透膜）阻隔無法流出，可是蛋膜仍有足以使水通過的小孔隙，為了**使內外濃度平衡**，只能由水負責進行交換。

可以想像蛋液含水量比外界純水來得低，所以水分由底部通過蛋膜進入內部稀釋蛋液，也使我們觀察到吸管的水位升高，而安置吸管時戳入蛋黃，則是為了方便觀察。

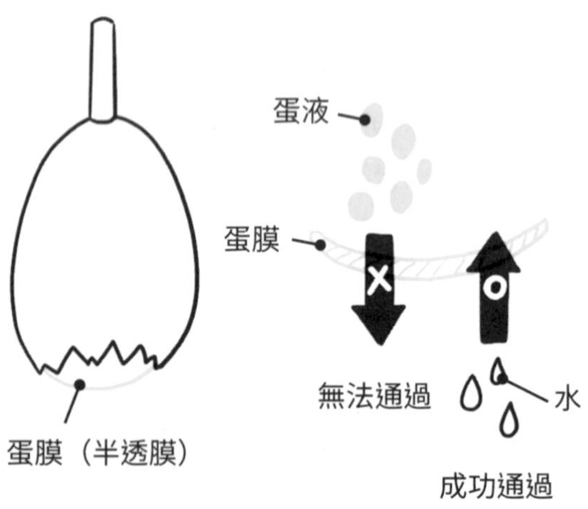

物質由高濃度往低濃度處移動的過程，一般稱為**擴散**，水在生物體中重要性極高，其擴散作用又被稱為**滲透**，也是一種因濃度差異進行的移動。整體來說，水由下方蛋膜滲透進入，蛋液與純水的濃度差距又極大，所以幾分鐘就能察覺變化。若放置很久都沒有變化，則應該檢查各處是否有破漏瑕疵。

：只有蛋膜有這個效果嗎？

：很多動植物體細胞膜也有類似功效。

：最早科學家就是利用豬膀胱進行實驗，偶然發現水會滲透進密封的膀胱，才深入研究的喔！

塑膠還沒發明前，很多生活用具都是取用自然現成資源，也包括動物器官，像是以**豬膀胱**做容器裝水，或是做成足球賞玩都是相關應用。而法國物理學家諾勒（Jean-Antoine Nollet）則是以豬膀胱膜封裝酒類，泡在水中時發現水竟會流入瓶中撐開封膜，稱得上是最早觀察到的滲透現象。

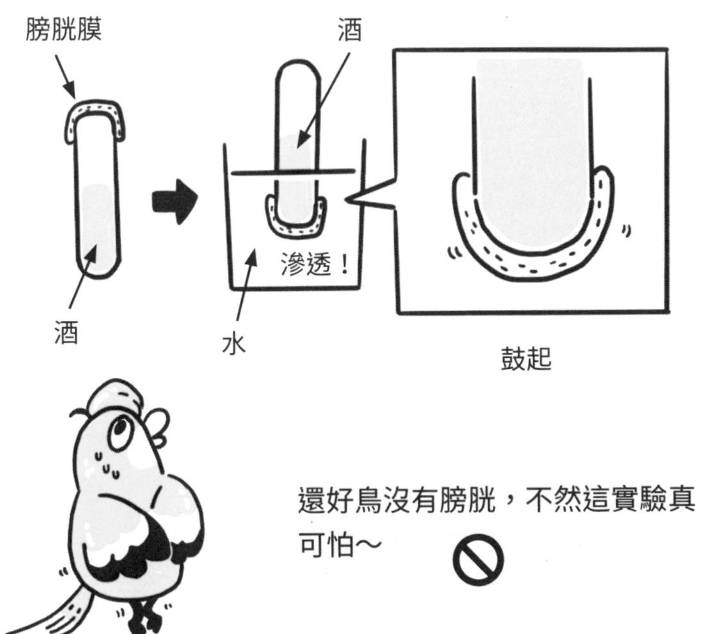

研究滲透現象的科學家有很多，最著名的是1901年諾貝爾化學獎，也是第一屆諾貝爾化學獎得主凡特荷夫（Jacobus Henricus van ‘t Hoff）。凡特荷夫發現溶液發生滲透現象造成的滲透壓大小，與溶液種類、濃度、溫度都有關係，並據此提出**凡特荷夫定律**。

：好像常聽到有人說「滲透壓」，也跟滲透有關嗎？

：聽起來跟水壓很像。

：的確可以想成壓力的一種，且聽我娓娓道來。

由於半透膜阻隔，造成內外只有水能交換，可是一側純水、一側蛋液，兩邊水怎麼移動都無法變成相等濃度，因此乍看之下，水彷彿無止境不斷滲透進入蛋中。但在滲透同時，我們也能觀察到蛋液液面升高，這意味著內部溶液帶來的壓力也產生變化逐漸升高。

這股壓力相當於一種抵抗力，會阻止更多水分滲進入蛋中，所以滲透到蛋液中的水量有上限，**當蛋液中抵抗的壓力，與繼續滲透進來的力量達到平衡，就會說此時達到「滲透壓」。**

依照凡特荷夫的研究結果，溶液種類、濃度、溫度是三個影響滲透壓大小的主因，大致趨勢是蛋液濃度越高、滲透壓越大，也就是要讓越多水進入蛋液當中，才有足夠抵抗力量。

：如果…泡到鹽水會怎麼樣？

：我想想，這要算鹽水的滲透壓嗎...

：我才不要算哩！可以用推理的嗎，濃度差異⋯

：蛋液跟純水、蛋液跟鹽水⋯我都要打結啦！

1. 猜猜看還有哪些物質能通過半透膜、這些物質又該具備什麼特性？
2. 做出相同裝置，但這次改用鹽水浸泡。先預測結果，再做實驗確認是否符合預測？長時間放置，每隔一定時間記錄吸管內蛋液高度。

中學相關學習內容

自然界的尺 與單位（Ea）
與運動（Eb）

密度改變沉下去又浮起來，鹽巴玩蛋囉

：做實驗認真程度，跟蛋消耗速度有因果關係…

：我感覺到廚房傳來殺氣…

：我聽到錢包君在哭泣…

：啊，我想到一個蛋能完好如初的實驗！

：（又要…玩蛋了？）

實驗 EXPERIMENT

實驗材料：蛋、能裝入蛋的玻璃杯、鹽巴、攪拌工具

實驗步驟：

❶ 在杯中裝入八分滿的水，將雞蛋投入，此時雞蛋會沉在底部。

❷ 於水中加入1～2勺鹽巴攪拌溶解，等到濃度夠高，雞蛋竟然浮起來了！

：繼續加鹽巴，雞蛋浮更高…鹽巴也太神奇了吧？

：不是鹽巴神奇，是鹽水密度和水不同造成的。

：密度…是那個需要計算的東西嗎？

：別緊張，我們先聊聊原理。

有些物質能浮在水面，有些則不會，沉下的物質並非沒有浮力，只是浮力比物重小，而影響浮力的關鍵則是**物質與水的密度差異**。簡單來說，如果某物的密度比水大，表示該物質比同體積的水來得重，會沉在底部；反過來講，密度較小的物質就能浮在水面；而密度與水相同，則能存在於水中任何地方。

把水換成不同溶液，原理也是一樣。鹽水密度比水高，蛋介在二者之間，所以才有蛋在水中會沉，卻能在鹽水中浮起的現象。

：水裡面加鹽巴，讓蛋浮起來，原來是浮力啊！

：讓地面東西飛上天，也利用了浮力吧？

：很好，讓我們從蛋開始，從頭說起吧！

一個物體在水或是空氣這種**「流體」**中，會受到浮力作用，而**浮力的大小則跟排放的流體體積一樣大**。比如把體積為100毫升的雞蛋放到水中，雞蛋會下沉並擠開100毫升水，所受浮力就是100毫升水的重量；而改放到稀薄鹽水中，就算雞蛋還沒浮起來，但浮力已經變為100毫升鹽水的重量，由於鹽水密度比水大，所以泡在

鹽水中受到的浮力也比較大；這個概念同樣適用在**空氣**中，所以這顆雞蛋受到的浮力是100毫升空氣的重量。

當浮力小於重量，物體會下沉，浮力大於物重，物體則會往上飛，兩者相等時，則能維持漂浮狀態。不管改變氣體的種類，還是調整容器中氣體含量，只要掌握「同樣體積時比較輕」，或者簡化為「密度比較小」的原則，就能製造想要的漂浮現象。

：生活中還有其他密度或是重量差異的粒子嗎？

：我想想…二氧化碳除了不可燃不助燃，還比空氣重。

：比較重，所以會掉下去嗎？好抽象啊！

：做個實驗就知道啦！

取膠水、洗碗精、水，三者以體積約1：2：4混合，攪拌均勻成自製泡泡水，接著取毛根折出約10元硬幣大小口徑，當作泡泡吹嘴。

在臉盆底部鋪滿一層小蘇打粉，接著倒入食用醋或檸檬酸水溶液，可以看到冒出許多二氧化碳氣泡，點燃長型打火機靠近臉盆內部，若距離溶液高度約3公分時火焰熄滅，表示盆中已有足量二氧化碳，此時可於臉盆上方吹泡泡，讓泡泡降落到盆中。

不同於掉到地上的泡泡會直接破掉，落到臉盆中的泡泡因為二氧化碳存在，可以在該處上下跳動而不落入盆中，形成泡泡漂浮的景象。

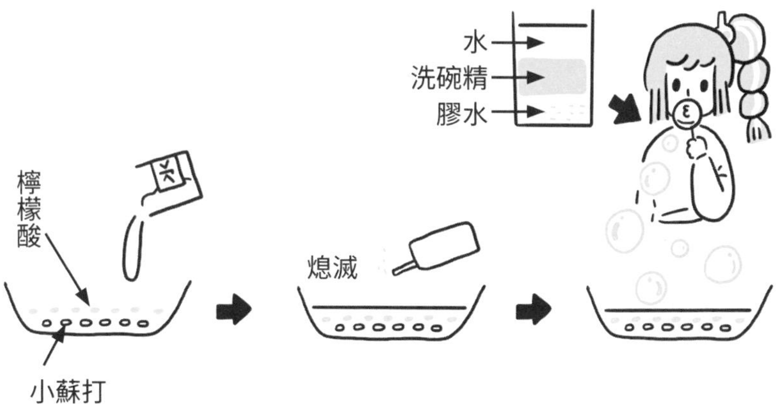

：哇！利用二氧化碳比空氣重的特性，可以讓空氣吹的泡泡漂浮，真好玩！

：那如果用比較輕的氣體吹泡泡，就不需要二氧化碳了？

：比空氣輕…難道是…氫氣？

：啾啾啾，危險警告！

：氫氣比較危險，慢慢來，以後再做吧！

1. 密度是物質單位體積所具有的重量。已知一顆雞蛋放越久氣室越大，則隨著放置時間，此蛋的密度會如何改變？
2. 取用新鮮雞蛋1顆，將蛋能浮起的鹽水濃度記錄下來，接著將同一顆雞蛋擺放數天再重複測量，驗證看看自己在1的推理是否正確。

中學相關學習內容

細胞的構造與功能（Da）
動植物體的構造與功能（Db）
化學反應速率與平衡（Je）
科學在生活中的應用（Mc）

小熊軟糖被滲透，泡水就會變大熊

：為了科學犧牲早餐的蛋，好餓啊！

：來顆小熊軟糖充飢吧？（遞）

：修蛋幾勒！那是傳說中的小熊軟糖嗎？（眨眼）

：（被東方王嚇到，小熊軟糖差點落地）

：小心！這可是重要的滲透實驗材料！

實驗 EXPERIMENT

實驗材料：小熊軟糖、鹽水、水、保鮮膜與適當容器兩個

實驗步驟：

❶ 兩個杯中依序裝入水、鹽水。

❷ 在杯中放入相同數量的小熊軟糖，以保鮮膜包覆杯子，放進冰箱。

❸ 數小時或隔夜後取出觀察，並拿未泡水的軟糖比較看看三者尺寸差異。

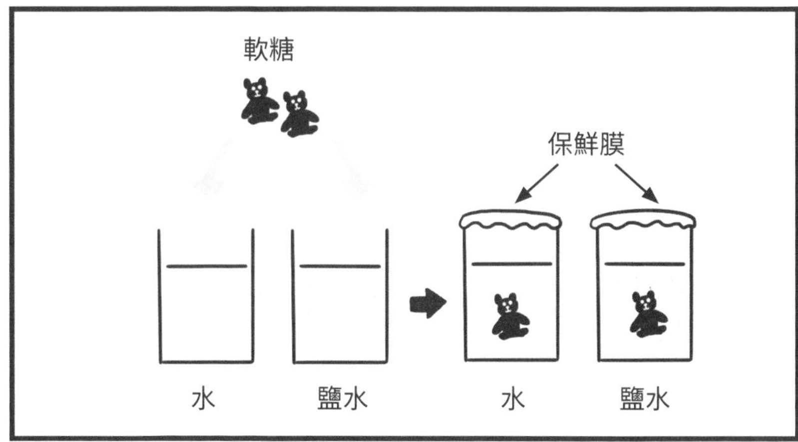

：你看，大中小熊祖孫三代同堂！

：泡水的比較大、泡鹽水的小一點⋯都是因為滲透嗎？

：沒錯，用濃度的差異來思考會更簡單喔！

我們把小熊軟糖內部，想像成含糖量非常高、水量非常少的溶液，這時整理實驗用到三項材料，含水量由高到低依序是純水、鹽水、小熊，因此不管泡在純水還是鹽水中，小熊軟糖體積都會因滲透而變大。

水分含量：純水＞鹽水
→滲透效果：純水＞鹽水
→小熊尺寸：純水＞鹽水

鹽水的含水量相比純水較低，滲透效果略遜一籌，是我們浸泡後看見鹽水中體積較小的主因。你也可以用**溶液內外濃度差異**的角度來思考滲透方向，不變的是水仍然會由含量較高處往低處移動。

：這種在水溶液中變大變小的現象，跟紅血球變化好像喔。

：你是說那個膨脹、萎縮二選一，但我每次都猜錯的東西？

：三選一喔，遇到生理食鹽水要寫大小不變！

：啊呀怎麼那麼難…

：咱們邊吃軟糖邊說明…

人體紅血球細胞在不同溶液中，可能因滲透導致體積變化。想像紅血球內部是具有特定濃度的溶液，如果泡入清水，水當然滲透進入，最慘狀況就是水滲進太多，導致細胞破裂。

如果改泡入鹽水，則會依照鹽水與細胞內溶液的濃度差異，發生不同方向滲透。鹽水較細胞溶液濃度低**（低張溶液）**，水會進入細胞而使紅血球膨脹、破裂現象，而濃度較高**（高張溶液）**時則是水往外移動，造成細胞萎縮。

介在兩者之間的，則是濃度約0.9%的食鹽水，因為濃度與紅血球細胞內溶液相當**（等張溶液）**，所以內外滲透壓相等，不會特別發生水的交換，細胞大小也不會有變化。

：這麼說來，我們也能在家調配等張溶液？

：可以是可以，但調那個要幹嘛？

：拿去賣啊，成本只有要鹽跟水，一瓶就能賣幾十塊…

：哇…我們要發財了嗎？

稀鹽水
（細胞膨脹）

生理食鹽水
（細胞不變）

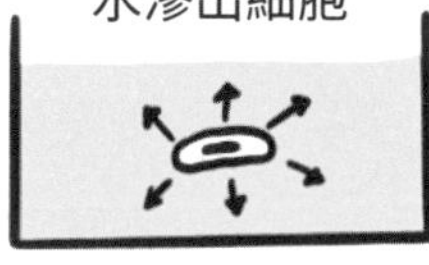

濃鹽水
（細胞萎縮）

：你們會先被告喔，啾～

：噗哈哈，天真的孩子，做商品沒那麼簡單。

清潔傷口或是清洗隱形眼鏡時，不使用純水而用**生理食鹽水**，就是因為生理食鹽水對人體細胞而言是等張溶液，可以確保接觸到的細胞，不會因為滲透作用受損。

仔細觀察包裝會發現，生理食鹽水包裝上都會註明使用與保存注意事項，急救包裡的小包裝食鹽水，甚至會強調要一次用畢，不可保存。這是因為產品封裝過程中，還會做殺菌處理，但開封後溶液與外界接觸，就很難確保維持無菌。為了防止感染風險，還是不要貪圖這點便宜吧。

1 醫生有時會透過注射生理食鹽水，為病人補充體液。其他動物受傷失血，也能使用相同的生理食鹽水嗎？說說你的想法。

2 重複同樣實驗，但這次不包覆保鮮膜，先預測結果再進行實驗。

中學相關學習內容

動植物體的構造與功能（Db）
水溶液中的變化（Jb）
化學反應速率與平衡（Je）

新鮮蔬果難保存？學草莓～醬子玩滲透

：老師拜託，下禮拜公訓，我會在烤肉時撒鹽…

：…撒鹽的時候我們會認真觀察滲透…所以…

：拜託不要再把我們的食物拿去做實驗了！（超大聲）

：看來他們這次很認真，東方王我勸你小心應對喔啾！

：醬～子～呀，灑鹽不如加糖，用滲透做個好吃的東西吧！

實驗 EXPERIMENT

實驗材料：草莓300克、砂糖120克、檸檬汁1大匙

實驗步驟：

❶ 將草莓切塊，對半或平分成四等分均可。

❷ 均勻撒上砂糖後靜置30分鐘，期間每隔5分鐘觀察、拍照記錄草莓變化。

❸ 將草莓倒入平底鍋小火慢炒，水分減少後加入檸檬汁增添風味。

❹ 繼續炒至果醬冒出小泡泡，整體如優酪乳般濃稠，即完成自製果醬。

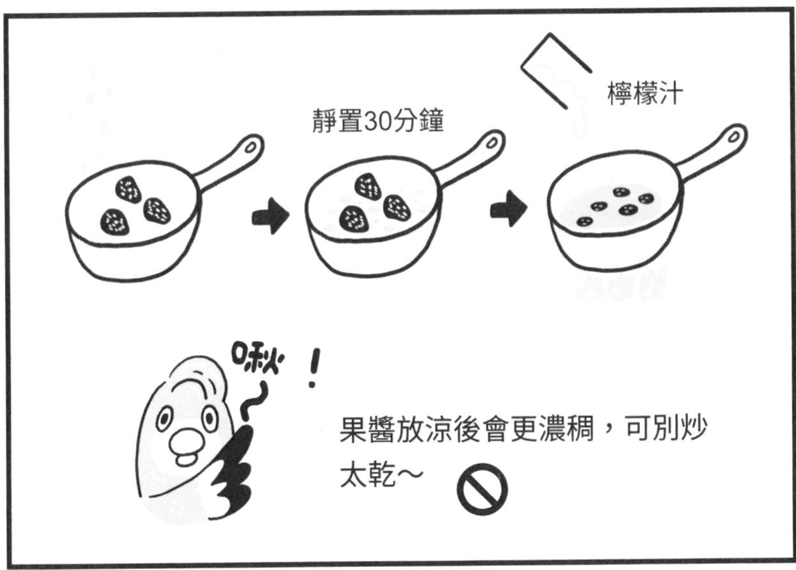

：過程手很痠，成果卻很甜。

：是在寫詩嗎？要加上像極了愛情。

：吼，我是真的覺得很療癒啊！

：我倒覺得像在醃菜。

：沒錯沒錯，都是同樣原理喔。

前一個實驗中，我們利用滲透使水進入軟糖內部，這個實驗則是把水果放在含糖濃度較高的環境，此時水果中的含水量較外界高，水分由內向外滲透後，再炒煮使水分減少，製成果醬。

果醬或醃菜這類加工食品能長久保存，主要是因為細菌生長需要水分，而且高濃度鹽或糖的環境不利於細菌生長。除此之外，冷凍、真空保存、殺菌封罐等，也是常見的做法，不過加工延長保存時間的做法，難免損耗掉許多營養素，所以還是要搭配生鮮均衡飲食，別只吃加工食品。

：那我喜歡喝的果醋，也算是跟滲透有關的加工吧？

：果醋好像很適合配烤肉，大太陽下酸酸甜甜的滋味。

：想來釀個醋？那就動手吧。

取用檸檬、鳳梨汁類水果，以切片後重量比例水果：冰糖：糯米醋 = 1：1：1備用，並以總量選擇合適的玻璃容器。釀造前先清潔容器，確實晾乾，以免混雜生水導致細菌孳生。

將固體材料水果、冰糖層層交替疊加，封口前再倒糯米醋至齊平瓶口，最後以保鮮膜密封並加蓋，確保內部沒有空氣，靜置於陰涼處至少三個月，開封後依照個人口味加水稀釋，即可飲用。

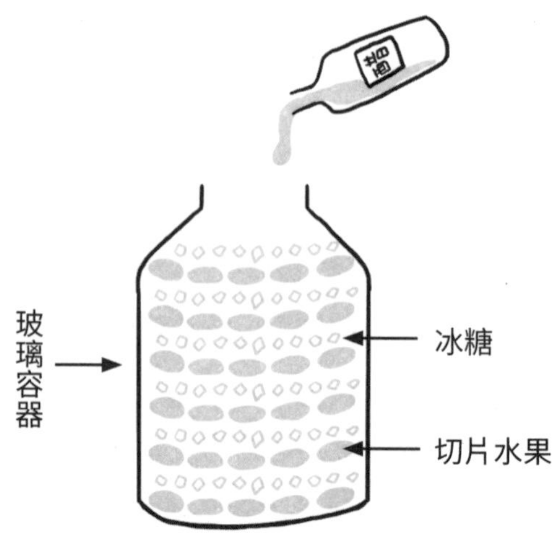

：要放…至少三個月？下個禮拜就公訓了欸！

：看來只能買市售的果醋自己加水了。

：啊（恍然大悟）…我就想說好像在哪裡看過滲透…原來是飲水機！

：飲水機不是滲透，是逆滲透啦。

：答對了～就是逆滲透，既然提到了就順便說說原理吧。

我們以U型裝置說明逆滲透的概念，有色代表汙水、無色是淨水。一般情況下，如果有半透膜阻隔，由於淨水處含水量較汙水處高，水分會往汙水處滲透，使污水處**水位升高直到達滲透壓**。

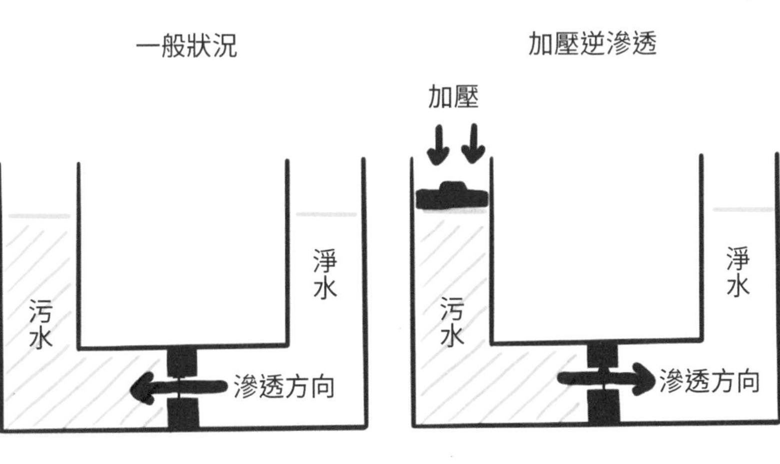

在兩側濃度差異造成滲透發生之前，若我們先在汙水處**施加壓力**，那麼便可透過這股外力，抵抗清水滲透。壓力更大的話，甚至能促使汙水處的水往淨水處移動（但別忘了：不管怎麼加壓，大部分的雜質都無法透過半透膜），這便是「逆滲透」淨水裝置的基本原理。

：果醋來不及，那就做更多種果醬帶去吧！我最喜歡吃的西瓜…

：西瓜的果膠含量比較少，要另外加點果凍粉或寒天粉才能變濃稠。

：哇！原來不是所有水果都同樣做法。

：話說回來，想要讓西瓜脫水做成果醬，你…是認真的？

1 酒與醋的釀造，都是使用植物的醣類作為原料，但產物的性質卻截然不同。請蒐集資料，從相關化學反應中尋找兩者差異。

2 「逆滲透水對人體是否有害？」曾經掀起熱烈討論。請蒐集相關理論資料，整理雙方意見並提出自己觀點。

科學專欄 科學世界，從頭說起

「科學」與「哲學」常被現代人視為兩個截然不同的領域，但其實最早的科學是源於一連串哲學思考。人們開始思索：世界是由什麼構成？手邊的物質又是由什麼組成？每個人都講出自身的想法及理由，彼此分享討論，逐漸有了許多種不同觀點。

早在西元前 500 年，古希臘時代哲學家留基柏（Leukippos）在探討物質的組成時就提出「原子」的想法，他的學生德謨克利特（Demokritos）則在西元前 440 年左右發表**原子論**。這個理論認為：**所有物質不斷被切開直到再也無法分割時，該微小粒子就稱為原子（atom）**，也就是說世上所有物質都是由原子構成，沒有原子的地方就是「虛無」。

到了西元前 360 年，柏拉圖（Plato）提出「元素」這個概念，認為元素是組成所有物質的基礎，他的學生亞里斯多德（Aristotle）更以元素為基礎，發表**四元素論**，主張**水、火、土、氣（或風）四種元素透過不同條件、比例相互搭配，就能創造出人與世間萬物**，就像土元素加上水元素，能生長出樹木那樣。

四元素論很快變成主流，支持者當中又分出不同派別，有些認為風又是元素之首，也有人認為水才是萬物本質。後期亞里斯多德還在四元素基礎上提出地球之外的天體是由第五種神聖元素「乙太」構成。生活中常聽到的中國五行學說（木、火、土、金、水）彼此相生相剋，也是一種五元素理論。

元素論的盛行，讓當時的人們深信透過元素間適當組合就能製造出「黃金」，從而開啟煉金術時代。如今看來，這種用水火土氣搭配、試圖煉金的想法雖然可笑，卻是段極重要的歷程。因為煉金術師們尋找不同原料，創造不同容器來加熱、溶解，應用各種比例混合、秤重……反覆實作試驗並記錄結果，雖然沒有成功鍛造出黃金，卻累積出更多發現，也成為化學實驗開端。**如果說哲學家是科學家的始祖，那麼煉金術師則稱得上是化學家的老祖宗。**

雖然後世科學家提出的理論或解釋與早期哲學家不同，但因某些概念相近，所以也常沿用早期的許多名詞。比如西元 1661 年，愛爾蘭科學家波以耳（Robert Boyle）發表著作《懷疑派的化學家》，內容駁斥了盛行多年的四元素論，並重新定義「元素」這個名詞，他認為元素是一種沒有摻雜的物質，本身不能被製造出來，彼此間也不能互相轉換。與之前學者最大不同是，波以耳不只提出理論想法，也進行許多實驗作為論點佐證，因此他又被視為化學這門學問的奠基者。

現代對元素的定義，則是以 19 世紀初英國科學家**道耳頓（John Dalton）的原子說**為基礎：**表現物質特性的最小單位中，若僅含有單一種原子，且以相同數量組合，就稱為元素。**道耳頓原子說的內容，除了採用德謨克利特的概念，認為物質不可分割之最小單位是原子，還從「微小粒子互相交換」觀點思考化學反應發生時各物質的變化，這個想法對後來的科學發展影響極為重要。

你或許會疑惑，為什麼古希臘哲學家跟科學家不試著切割看看，來尋找原子或更小粒子？這可不是他們不想，而是做不到！讓我們利用手邊材料想像一下原子的尺寸：取一張普通的紙，沿側面切割成更薄的紙，切成 10 份、100 份、1000 份，已經是我們很難想像的微小厚度，但**原子的直徑大約是把普通紙張分割成 100 萬張紙的那種厚度**，用一般高倍數光學顯微鏡也看不到！面對如此微小的世界，人們也只能透過多種實驗結果，來推測並描繪原子結構。

時至今日，我們不但知道世間萬物不僅由四元素組成，還比波以耳更明確元素定義，比道耳頓更了解原子內部結構。這些我們習以為常的用語，都是數千年智慧累積，下次聽到有人提到「元素」，別忘了這個簡單名稱背後的許多故事喔！

PART

第二單元

燒個東西也能引出一籮筐學問？

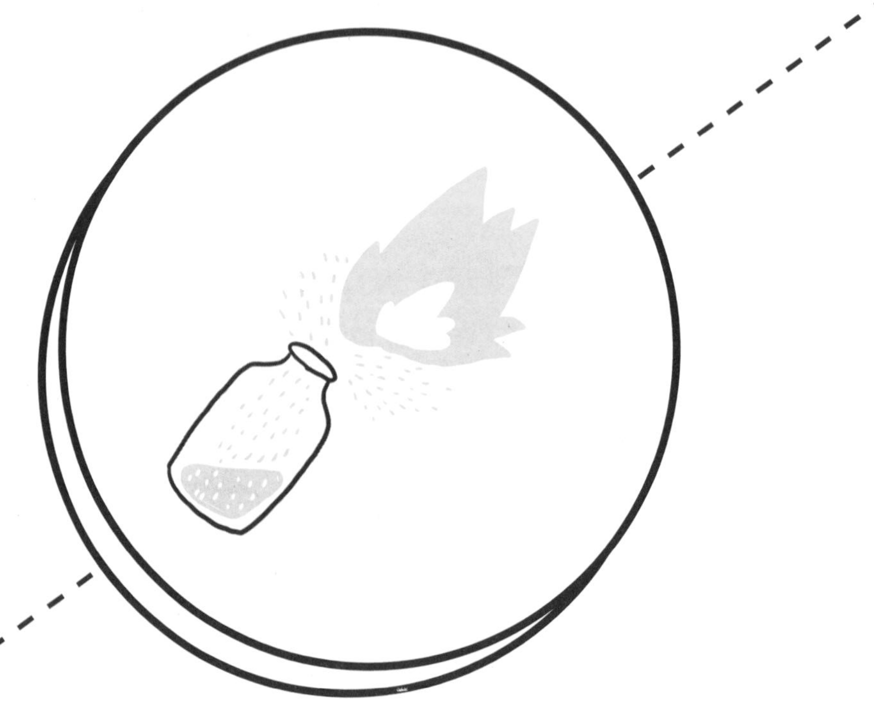

FIRE+REDOX

就算考試吊車尾，依然可以輕易告訴大家：燃燒三要素包含「可燃物」、「助燃物」跟「燃點」。（汶汶名言：「這小學就有教啊！」）

但如果穿越時空到300年前，會這個已經是學霸啦！那時候就算是最頂尖學霸科學家聚集一堂，都會被這個問題問倒呢！

在這個單元裡，我們先自製安全燃料、燒出魔幻焰色，慢慢從一些相似實驗帶出催化劑的概念，最後好好學習千百年來燃燒學說是怎麼演進的吧。

START

中學相關學習內容

物質的形態、性質及分類（Ab）
物質的結構與功能（Cb）
物質反應規律（Ja）
氧化與還原反應（Jc）

廢液華麗變身，把酒精變成安全燃料凍

：公訓最重要的是烤肉，除了食材，還要買火種…

：買好了但是…你不覺得火種是個效果很不好的東西嗎？

：超級難用啊！我想想替代品…不然直接用酒精？

：把酒精淋在上面再點火之類的？

：啾啾啾，危險警報，東方王快來想辦法！

：呼～幸好我們做過無殼蛋，利用廢液把酒精變安全吧！

實驗 EXPERIMENT

實驗材料：醋酸鈣溶液、95%酒精、量杯與適當容器、廢棄鐵鋁罐或其他耐熱器皿

實驗步驟：

❶ 醋酸鈣溶液：醋精與蛋殼反應後之溶液，配製方式為在醋精中加入蛋殼，直到攪拌或加入新蛋殼都不再冒泡即完成。使用前可用咖啡濾紙過濾，或直接取用上層澄清溶液。

❷ **取用**95%**酒精**10 mL、**醋酸鈣溶液**4 mL（**體積比例**5：2）**分置兩杯**

❸ **將酒精倒入醋酸鈣溶液，快速旋轉搖晃杯子**2～3**下後立即靜置，數秒後酒精凍完成。**

（※注意：兩溶液混合需快速，若持續搖晃可能導致結凍失敗！）

❹ **挖取少量酒精凍，放置於倒置鐵鋁罐底部凹槽中點火測試。**

：難道這個實驗不能直接用醋做？

：不行啦，發生過化學變化，所以泡過蛋殼後就不再是醋了。

：沒錯，泡過之後溶液裡還有醋酸鈣喔。

蛋殼含碳酸鈣，與醋酸反應後產物之一是**醋酸鈣**，這個物質能溶在水中，並解離出鈣離子（Ca^{2+}）與醋酸根離子（CH_3COO^-）兩種粒子。過程中透過不斷攪拌、添加蛋殼，確保醋酸被完全反應，就能得到較純的醋酸鈣溶液。

而在醋酸鈣溶液中添加酒精，整杯溶液中粒子種類變得豐富，彼此間的作用力也更為複雜。**粒子間的作用力**對物質呈現的狀態有很大影響，作用力較大時可以是固態或液態，較小則變為氣態，此實驗便是因為搭配不同種類作用力交互影響，才能產生果凍狀型態，只是這種果凍狀態較不穩定，長時間擱置或混合時過度搖晃都可能變回液態。

：除了酒精凍，去餐廳吃魚時，爐子下面也會用酒精膏加熱。

：為什麼好好的酒精不用，要搞那麼麻煩呢？

：傻人類，這當然是有安全考量！

酒精可燃，若遇高溫或小火花都會立刻起火，因此使用時須格外謹慎。酒精的危險除了因為**可燃**，也因為它有**極高揮發性**。

想像一下某瓶酒精溶液中含有酒精蒸氣，打翻時若蒸氣剛好被點燃，則起火燃燒產生的熱量，還會促使剩餘液體酒精汽化，增加更多可燃氣體、擴大燃燒空間，導致火勢迅速蔓延，超級危險，這

又俗稱為**酒精氣爆**。

為了減少酒精揮發，廠商會摻入一些與酒精粒子有較大作用力的物質，改變狀態使酒精變成膏狀、凍狀，甚至固態酒精磚，再讓消費者使用這些衍生產品做燃料，提高安全性。

：不是說水能滅火，為什麼我們準備濕毛巾，不放一桶水？

：某些火災澆水反而更危險喔。

：為什麼呢？

：因為水反而會帶著這些液體流動，讓火勢更加蔓延。

維持燃燒有三要素，分別是**可燃物（酒精）**、**助燃物（氧氣）**、並使物質達到**燃點（高溫或火花）**，相反的，若移除其中之一便能阻止燃燒。我們熟知的以水滅火，主要原理是降低溫度，而且水氣分布在空間中，就相對降低了氧氣濃度，達到滅火作用。

破壞燃燒三要素之一，是滅火最重要的原則！

但起火的燃料若是**汽油、酒精**這類物質，貿然灑水只會讓燃料更容易流動，因而加劇火勢。所以在家中進行酒精凍燃燒實驗時，建議準備一塊**濕毛巾**，若發生小意外，只需輕輕以濕毛巾覆蓋，就能降溫又可隔絕氧氣，達到滅火目的。而基於上述酒精氣爆原理，若要重新添加酒精製備燃料，也請記得先以濕毛巾覆蓋數秒確認火焰完全熄滅再添加，以確保安全。

：原來起火原因不同，滅火方式也要不同，難怪有那麼多種滅火器。

：而且車用滅火器，也不是小到可收納在車子裡的意思。

：雖然類型不同，但從燃燒三要素下手滅火準沒錯。

：看來濕毛巾覆蓋實在是很厲害的滅火方式！

1. 乾洗手凝膠也含有酒精，你覺得那是好的燃料嗎？可以進行實驗觀察再提出想法。
2. 酒精的學名是乙醇，但市面上的酒精膏成分多以甲醇為主。請蒐集甲醇、乙醇的資料，找出它們相通、相異之處。

中學相關學習內容

物質組成與元素的週期性（Aa）
能量的形式與轉換（Bb）
物質的結構與功能（Cb）
科學發展的歷史（Mb）

濾鏡掰掰，在家就能製造的彩色特效火焰

：我想要準備仙女棒在營火晚會用！

：我注意到這裡有一盒水鴛鴦…

：對啊，這個放起來效果應該很好。

：（感受到危險於是探頭）

：可是營火晚會人很多，好像不能放水鴛鴦…

：（感覺安全於是縮頭）

：所以說把水鴛鴦交出來…我們…來自製彩色火焰吧！

實驗 EXPERIMENT

實驗材料：酒精凍、廢棄鐵鋁罐或其他耐熱容器、打火機、水鴛鴦鞭炮、白紙、小湯勺或棉花棒、濕抹布（滅火用）

實驗步驟：

❶ 取水鴛鴦鞭炮，從管的一端開口開始捏碎，將捏碎的粉末

倒在白紙上。管中每段粉末顏色不同，盡量讓這些粉末分開。過程中要注意遠離火源。

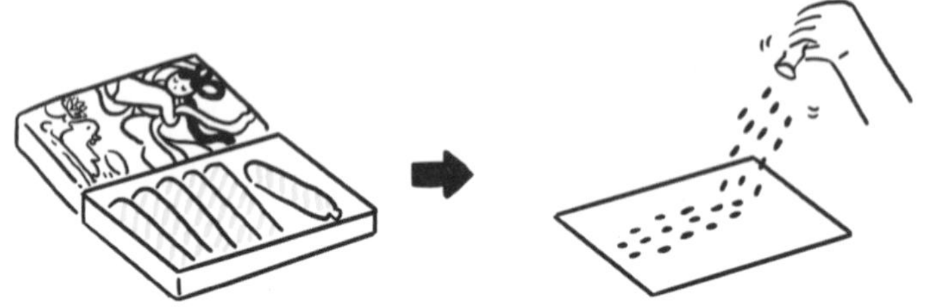

❷ 挖取少量酒精凍，放置於倒置鐵鋁罐底部的凹槽預備。

❸ 以湯勺挖取少許水鴛鴦粉末加在酒精凍上，再將酒精凍點燃。這時候除了原本酒精焰色外，還能看到不同粉末造成不同顏色火焰。自己試試看能發現幾種顏色吧！

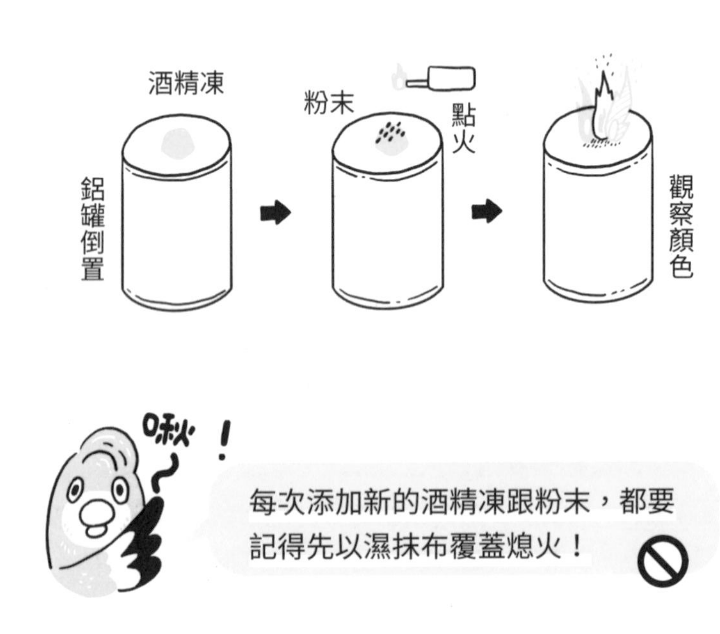

：沒想到真的能在家裡做出綠色火焰，太開心啦！

：啊，有個口訣叫風流男子，就是說硫的焰色是藍紫色…

：那明治的鮮紅色是什麼成分呢？

：先從頭聊聊焰色吧！

絢麗的煙火、新年應景鞭炮施放時，都會看見不同顏色的火焰，這要歸功於成分中的不同粉末。一般來講，成分若含有**金屬鍶的鹽類**，會看到**紅色火焰**，而**綠色**則可能來自**銅的鹽類**，你可以閱讀水鴛鴦外盒成分，找看看當中有哪些金屬元素（這些金屬元素都會具有「金」字邊），也數數是否燒出那麼多種焰色。

早期科學家發現：不同金屬成分，燃燒時火焰的顏色也不同，所以反過來將未知物拿去燃燒，就能用焰色來推測未知物中所含金屬種類。如果某些物質肉眼看來焰色相似，則會進一步分析這些光的**波長**，幫助釐清成分。

：原來焰色可以這樣應用，科學家很聰明呢！

：但為什麼不同成分就會有不同焰色呢？

：這就要從一種叫「電子」的小粒子說起了。

課本上提到物質是由不同原子構成，但不管是哪種原子內部都含有**電子**。在爆炸或燃燒時，金屬原子中的電子會吸收熱量而被激發，接著再將熱能轉換成光釋放出來，就是我們看到的火焰色彩。

雖然都是電子，但存在於不同金屬中的電子，會因為所處原子當中環境差異，而能吸收不同大小能量，因而放出不同顏色（或波長）的光。

最特別的是，取用相同原子進行實驗，不論在何處都會產生相同波長的光，可以說由光的顏色就可以大致判斷出原子種類。若將這些光的波長條列、繪製成光譜，就能準確比對資料庫確認原子種類，可以說**光譜就是原子的「指紋」**。許多有機物的紅外線光譜，在特定波段特別容易受到結構影響，所以科學家又把專門用來鑑定物質的範圍稱為**指紋區**（fingerprint region）喲！

：雖然有聽懂原理，但我沒看到電子或原子啊！

：因為這些粒子非常小，肉眼也看不到。

：用我的鳥眼也看不到嗎，啾？

：就算用最高倍率的光學顯微鏡都看不到呢！

人眼見物需要藉由物體反射的光，而顏色則是吸收光與放射光共同造成，一個物體呈現紅色，表示該物會**反射紅色光，同時也吸收除紅光以外的所有光**。不只顏色，要透過人眼看任何東西，都需要依賴物體反射的光，才能在我們眼中勾勒出形體。

原子尺寸極小，直徑比可見光更短，這個尺度關係導致原子根本無法反射可見光，所以一般光學顯微鏡不論倍數多大都無法看見原子。但就算看不見，我們還是可以透過其他方式得到原子資訊，進行推算後「看」到原子，這就是著名的**掃描穿隧顯微鏡（STM）**

以及**原子力顯微鏡（AFM）**。這種顯微鏡可說是開啟奈米科技世界的鑰匙喔！

1. 在搜索引擎中，以成分內含有的金屬搭配焰色作為關鍵字（例如：鍶 焰色）找出相關圖片，與自己的實驗成果比對，分析出哪部分粉末對應哪種金屬。
2. 使用酒精凍作為燃料，肉眼看到的焰色會包含金屬以及酒精兩部分，因此降低化合物本身焰色效果。請想想看可以怎麼減少這種干擾？

中學相關學習內容

物質的形態、性質及分類（Ab）
有機化合物的性質、製備及反應（Jf）
科學、技術及社會的互動關係（Ma）
科學在生活中的應用（Mc）

史萊姆躲在膠水裡，等你來學交聯作用

：酒精凍太好用，我們多做一點帶去公訓吧。

：畫張海報帶去教大家做好了！

：好啊我看看喔，海報紙、彩色筆、膠水、剪刀…

：（冒出頭來）…恩…好像聽到膠水？

：沒能攔住東方王，我很抱歉啾啾…

：老師剛剛是躲在哪啊？

：別管我躲在哪，史萊姆可是躲在膠水裡喲！

實驗 EXPERIMENT

實驗材料：**透明膠水、小蘇打粉、隱形眼鏡沖洗液（成分須含硼酸）、適當容器與攪拌工具、顏料**

實驗步驟：

❶ 在20克膠水中加入約綠豆大小分量之小蘇打粉攪拌均勻。

❷ 倒入約1mL隱形眼鏡沖洗液，持續攪拌直到膠水變得濃稠後，視情況緩慢加入更多沖洗液，調整到想要的硬度，並確保史萊姆不黏手。切忌不可一次加入太多。

❸ 在第一步驟加入小蘇打粉前，或是第二步成型之後，都可以添加喜歡的顏料或亮粉，改造史萊姆外觀。

：做史萊姆過程也太療癒了吧，而且比文具店買的更軟…

：啾啾啾，別把臉貼上去啊！

：那可以來講點原理了吧？

：你啥時變得那麼好學？！

：之前只是欠栽培好嗎。

透明濃稠的膠水，主要成分包含**聚乙烯醇（縮寫為PVA）、硼砂、水**。聚乙烯醇是一種水溶性塑膠，而硼砂則是可做為肥料、清潔劑、殺蟲劑的物質，溶於水會產生硼酸根離子。三者混合時，聚乙烯醇會和硼酸根離子脫水並結合，形成網狀結構，我們使用膠水時，需要將其塗抹在物體上，等待乾燥失去水分才能確實黏牢，這過程屬於化學變化，因此乾掉的膠水無法透過加水變回原狀。

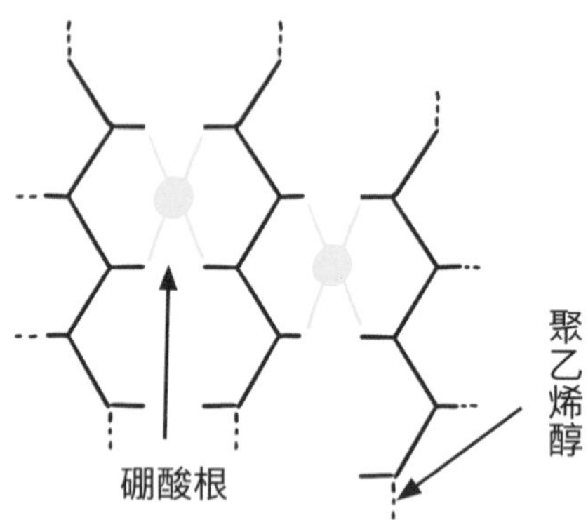

　　但普通膠水中含有的硼酸根極少，無法形成史萊姆，得添加沖洗液這類含有**「交聯劑」**的物質，利用更多硼酸根與膠水中的PVA產生**交聯作用**。

　　混合時溶液發生的交聯作用，包含了脫水產生新鍵結、不可逆的化學交聯，以及增加作用力使兩者更接近、可逆的物理交聯兩類，小小史萊姆玩具，科學原理很多樣呢！

：史萊姆長得很像異形，如果能隔空控制應該很有趣…

：隔空嗎，我想到可以利用磁力…

：那要加磁鐵粉嗎？

：你們有帶用過的暖暖包嗎？配方做點調整就可以拿來用啦！

取用20克膠水與10克暖暖包之鐵粉均勻混合，接著在混合液中分次添加飽和硼砂溶液，每次加入10滴並確實攪拌均勻，重複4到5次，直到整團史萊姆不黏手為止。這個實驗原理與前面的史萊姆相同，只是加了高比例暖暖包粉末後，使用其他交聯劑的失敗率較高，所以選用飽和硼砂溶液較易成功。

在成團的史萊姆上捏出尖角，接著就可以用強力磁鐵隔空控制、讓異形搖擺啦！拌入帶磁性的粉末，能讓史萊姆變成磁性異形，而拌入螢光粉、感溫色粉，也能做出不同性質的史萊姆。應用科學原理，並發揮想像力，製作出獨一無二的創意史萊姆吧！

：做完實驗肚子都餓了，來吃點心吧！

：修蛋幾勒，你們洗手都沒用肥皂，重洗不然啄你們！

：明治冷靜…各位啊，硼砂溶液對人體有毒性，要認真洗乾淨。

：那麼可怕？那為什麼阿嬤會說鹼粽裡面有硼砂？

早期硼砂曾作為**食品添加劑**，少量添加到鹼粽、貢丸、魚板原料中，就能因為交聯作用，增加食品彈脆口感。但研究發現這對身體有害後，已經禁止用在食品中，鹼粽改用含有蘇打（碳酸鈉）的鹼粉來達到類似效果。

你或許會懷疑，如果有毒性，為什麼以前人吃了還是活得很好？這是因為健康身體對於不同物質都有一定耐受度，少量攝取可以正常代謝消除，過量則會造成傷害，有些物質耐受度極低，就被視為對人體毒性較高。

：就算是合法食品，攝入過量仍會超出身體負荷，造成中毒喔！

儘管人類微量誤食硼砂對身體無害，但對某些昆蟲來講並非如此，實驗後剩下的硼砂，也可以拿來製作毒蟑螂、螞蟻的藥品。

：這個實驗一定要用廢棄暖暖包做嗎？

：國小實驗的磁鐵粉、全新暖暖包裡的鐵粉，有磁性的應該都可以！

：那麼用廢棄的是環保考量嗎？

：一部分啦！但暖暖包中含有活性碳、蛭石、鹽類、吸水樹脂等物，確保接觸空氣時能穩定氧化、釋放熱量⋯（不知不覺進入自己的世界）

：呃，這個人類的意思是，怕你們燙傷啦！

1 除了膠水，保麗龍膠、白膠也都有類似效果。進行實驗後，比較看看這些成分史萊姆性質的差異？

2 硼砂可以做為蟑螂、螞蟻藥的原料，詢問身邊大家需求後，蒐集網路配方，將實驗剩餘的硼砂做成藥品，分送親友使用以免浪費。

中學相關學習內容

生物體內的能量與代謝（Bc）
生物圈的組成（Fc）
化學反應速率與平衡（Je）
有機化合物的性質、製備及反應（Jf）

偷吃吉利丁果凍的不是我，是鳳梨！

：洗完手了可以吃點心了嗎？冰箱裡有切好的鳳梨！鳳梨鳳梨（雀躍）

：你知道嗎，麵包超人有天肚子餓，就把自己吃掉了。

：冷笑話大賽嗎？那…我什麼都吃，就是不吃虧！

：喔…我好像聽到有人說鳳梨？

：啊啊啊！都是你啦！人家的鳳梨又要被拿去做實驗…

：奉獻科學啦（心想：還好我不愛吃鳳梨！）

實驗 EXPERIMENT

實驗材料：吉利丁粉（動物明膠）、新鮮鳳梨、罐頭或沸水煮過的鳳梨、水與適當容器。

實驗步驟：

❶ 在200克水中加入約10克吉利丁粉，小火加熱同時攪拌至

粉末完全溶解後，分裝成三杯，放涼凝結。

（※注意：溫度不可超過50℃，以免破壞吉利丁凝結能力）

❷ 待凝結成凍後，在第一杯吉利丁凍表面放上新鮮鳳梨塊、第二杯放罐頭或沸水煮過10分鐘的鳳梨塊，第三杯則不放任何物品作為對照。

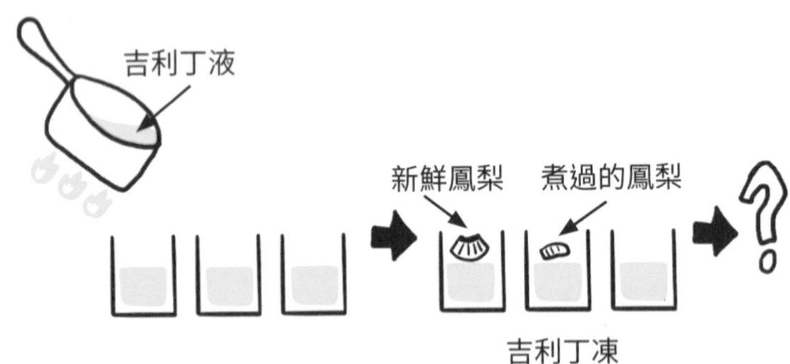

❸ 靜置約20分鐘，再回來觀察看看與鳳梨接觸面的凹陷狀況。

：新鮮鳳梨吃吉利丁凍，這個結果讓你們聯想到什麼？

：嗯…不要用新鮮鳳梨做果凍？

：鳳梨罐頭跟鳳梨成分有些不一樣？

：啾啾，我我我，我想要吃果凍！

：這樣啊，那明治邊吃果凍，我們邊聊原理吧！

：欸不是，為什麼明治有果凍？！

家中烹調大骨這類葷食料理的湯汁，經冰箱冷藏會凝結成凍，這是因為當中含有**膠原蛋白**成分。而吉利丁就是從動物骨骼、表皮提煉出膠原蛋白再製成的產物，所以可以作為果凍食品、化妝品與醫療的凝膠。

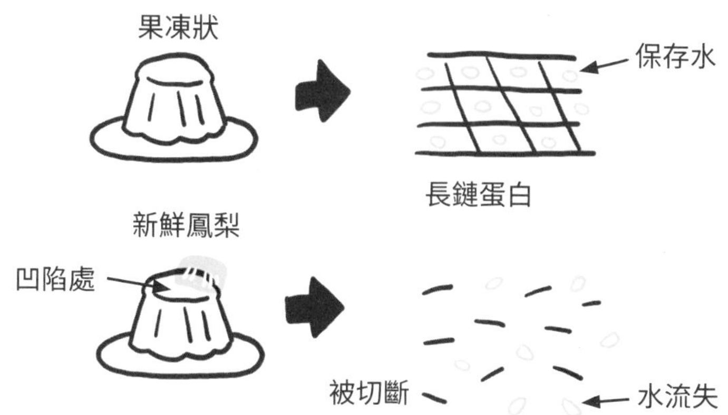

吉利丁凝結成凍，主要是因為這種蛋白質具有**長鏈結構**，經過溶解在水中並降溫的過程，長鏈會重新排列，並恰好把水分卡在交疊孔隙，展現出果凍狀態。

而鳳梨中具有**鳳梨蛋白酶**，也就是俗稱的**鳳梨酵素**，是一種能分解蛋白質的成分，會把已變成果凍的蛋白質長鏈切斷，使水分跟著流失，看起來就像是果凍被化開、吃掉一樣。

：鳳梨酵素…我記得不只鳳梨有酵素？

：我知道！看過廣告還有賣奇異果酵素。

：所以不只鳳梨能做，還有其他水果嗎？都拿來試試看吧！

 ：（瞪著各種水果）

：有殺氣啾！難道是因為太喜歡科學，散發出考試必殺的氣勢？

能分解蛋白質的酵素並非鳳梨專屬，奇異果等其他水果也有類似成分，可以把家中其他水果拿來實驗，操作方式除了如本實驗把水果放在凝好的果凍上，靜置觀察外型變化，也可以直接將碎果肉、果汁攪拌入未降溫的果凍液中，就會發現摻入包含鳳梨汁在內幾種果汁的吉利丁液，不管放置多久都無法凝結成凍。

由於吉利丁主要成分是**蛋白質**，經高溫加熱或某些措施，就可能變性失效，所以煮吉利丁液時要注意**控溫**，太高溫的話也會失效。其實不只吉利丁，鳳梨酵素本身也不耐高溫，因此拿煮過或是經由罐頭製程處理的鳳梨汁，酵素也會失去功能，變得無法破壞吉利丁凍。

：突然想到，吉利丁取自動物骨骼，那算不算葷食啊？

：這…難道果凍是葷的？

：其實有些軟糖還真的是葷的！

烹煮吉利丁時，你或許會聞到明顯腥味，這是由於它本身就是取自動物、屬於葷食。許多軟糖成分中含有**明膠**，也就是吉利丁的別稱，所以這些軟糖也屬於葷食。如果想在素食食品中達到類似口感，可以取用由**海藻**提煉出的植物膠，又稱為**吉利T**。

吉利丁是蛋白質，吉利T主要成分則是**醣類**。實驗添加的鳳梨酵素只能破壞蛋白質，所以這個實驗改用素食吉利T進行的話，不論加多少新鮮鳳梨、奇異果，都還是會成功凝成果凍，沒辦法驗證酵素的存在。

：下次園遊會賣果凍，要記得不用新鮮鳳梨！

：新鮮的可以，改用吉利T就好。

：對欸…你好聰明！

：當然啊，解決不了問題就解決造成問題的果凍嘛！

1. 基於什麼原理差異，使得本實驗的吉利丁，無法改用吉利T代替？
2. 將鳳梨送入嘴到吞入肚的過程中，其酵素可能會受到哪些因素影響，導致失去活性？

中學相關學習內容

生物體內的能量與代謝（Bc）
生物圈的組成（Fc）
化學反應速率與平衡（Je）

沒有老鼠屎，鳳梨酵素就能毀掉一鍋蛋花湯

：我剛剛在想，如果鳳梨酵素破壞蛋白質，那…蛋呢？

：蛋裡面有很多蛋白質，加在一起…會發生什麼事呢…

：這種時候就直接來做實驗吧，蛋呢蛋呢？

：（繼續玩蛋會被打嗎？我該阻止他們嗎？）

實驗 EXPERIMENT

實驗材料：雞蛋、新鮮鳳梨汁、水、適當容器

實驗步驟：

❶ 將雞蛋打散，平均分裝在兩個可耐熱的容器中。

❷ 在其中一個加入新鮮鳳梨汁，另一個則加入等量飲用水作為對照，兩者都攪拌均勻備用。

❸ 另外煮一些熱水，趁熱沖入兩杯含蛋液的碗中，攪拌觀察看看兩杯蛋液的差別。

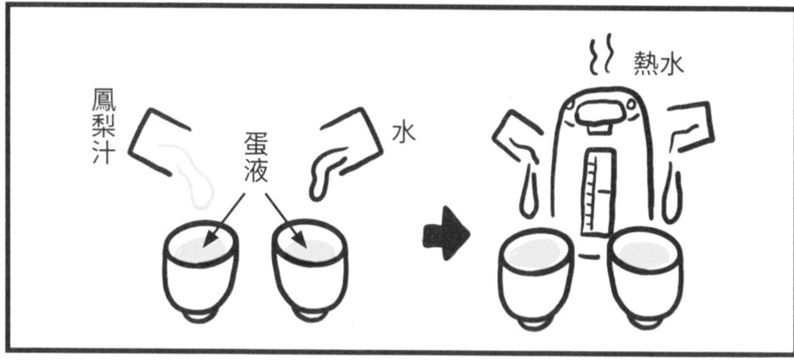

：為什麼不拿水煮蛋做實驗呢？

：因為煮熟之後蛋白質已經變性啦！

：我還變態哩！加了鳳梨汁為何又不變了？

：這就要回想一下前一個實驗啦！

從前面實驗，我們已經知道鳳梨中含有一種可分解蛋白質的酵素，如果把這種酵素混入蛋液攪拌，也能破壞蛋白質，進而使受熱凝結特性消失，因此蛋液沖淋熱水仍能保持液態，不形成蛋花。

肉類主要成分也是蛋白質，所以鳳梨酵素這種特性，除了用在這兩個實驗外，在廚房裡也可以是非常實用的**天然嫩肉精**。只要將鳳梨汁添加在醃料中，就能破壞肉類蛋白質，使肉質口感更加軟嫩，但別忘了應該在加熱烹煮前先醃漬，以免高溫減損酵素功能。

：其實…我不喜歡吃鳳梨…

：難怪老師拿走鳳梨的時候你在偷笑！太！過！份！了！

：哈哈哈，你應該只是不喜歡被割舌頭。

：那可以學我吃鳳梨罐頭，好甜好好吃～啾。

吃鳳梨時有被割舌頭的感覺，依然跟鳳梨酵素有關，畢竟人的口腔、舌頭也是由蛋白質構成，接觸酵素後會造成些微損傷；鳳梨罐頭、鳳梨料理當中的酵素都已經被破壞，就可以放膽吃不用擔心。

目前市面上的鳳梨大多經過品種改良，這種問題已經大幅減少，但如果吃了之後還是感覺不舒服，也可以灑一點鹽，因為改變環境中的鹽分含量，對鳳梨酵素亦會產生抑制作用。

人體內為了維持正常運作，會生產很多種酵素，或稱為**酶**。酶扮演的角色相當於**催化劑**，具有僅會影響特定物質作用之專一性，而且在特定環境才發揮功效。比如胃裡面有專為分解蛋白質存在的**胃蛋白酶**，同樣有分解蛋白質的功能，胃蛋白酶要在胃酸這種酸性環境下，才會發揮最大功效！

：催化劑？這個名詞好熟悉！

：就是那個雙氧水加的二氧化錳，能加速反應。

：是的，增加反應速率的方式有很多，包含很重要的催化劑。

一般化學反應需選用正確物種、適當條件才會發生，簡單條件如同蛋殼與醋反應就是在酸性下進行；複雜一點的化學反應，可能

要符合正確溫度、壓力、pH值…等條件才能發生；有些更複雜反應，甚至需要催化劑輔助來進行方能加速。

我們可以把反應發生的門檻，想像成從反應物走到生成物之間的阻礙，如同一座山或高或低，但終須翻越過才能抵達目的地：加入催化劑就像是挖通一個山洞，讓反應物能走更便捷、更快的道路抵達終點。

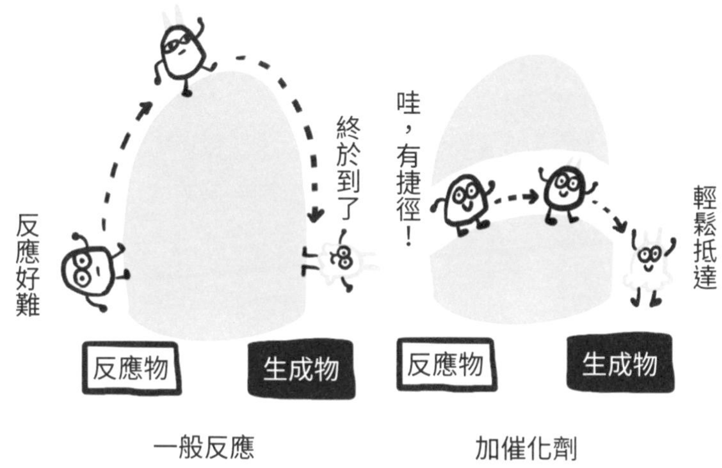

：如果用鳳梨汁蛋液煮湯，作法相同卻沒有蛋花，還能叫蛋花湯嗎？

：這是蛋花湯非蛋花的哲學思考嗎？我還太陽餅沒太陽哩！

：畢竟哲學是科學的起源嘛。

：不管科學哲學什麼，聽聽我這點子：整人蛋汁添加劑，合法食品添加劑，加了蛋汁就不會凝結，有沒有搞頭？

：鳳梨汁換上科學包裝，售價飆漲10倍，我們去找老師投資！

：啾啾啾，恭喜你們又有被告的危險了！

1 如果催化劑能提供另一條反應途徑促使反應發生，那麼催化劑本身究竟有沒有參與反應呢？

2 有些健康食品主打含有鳳梨酵素，蒐集相關廣告資料後，針對內容提出你的意見，以及支持或反對的理由。

中學相關學習內容

生物體內的能量與代謝（Bc）
物質反應規律（Ja）
化學反應速率與平衡（Je）

紅蘿蔔製氧氣，是催化劑、才…才不是挑食

：還好最後一顆蛋保住了，我看看冰箱…可以配紅蘿蔔！

：你是要做紅蘿蔔炒蛋嗎？

：我覺得紅蘿蔔有更好的用途，比方說…

：催化劑！可以分解雙氧水。

：但我想吃紅蘿蔔炒蛋…

：別這樣，科學學習是很重要的，謝謝紅蘿蔔的犧牲！

：啾啾，挑食警報！

實驗 EXPERIMENT

實驗材料：紅蘿蔔、雙氧水（醫藥箱消毒用約5%）、適當容器、保鮮膜、線香

實驗步驟：

❶ 把生紅蘿蔔切絲或丁放入透明杯碗中。

❷ 接著在倒入淹過蘿蔔量的雙氧水，觀察到紅蘿蔔表面開始產生氣泡後，立刻以保鮮膜封住，讓氣體保留在容器中。

❸ 當產生的氣體較多，使保鮮膜稍微鼓起時，用點燃的線香直接戳破保鮮膜，深入內部與氣體接觸但不要碰到液體，觀察火焰的變化。

：插入線香看到火苗變大，表示氧氣助燃對吧？

：那助燃跟可燃有什麼差別？

：助燃可以讓火焰變大，可燃則會直接燃燒發出爆鳴聲…

：啾啾啾，危險！

：…呃…有機會再來做實驗吧！

雙氧水含有過氧化氫，此物質可以分解產生氧氣與水，反應式寫為：

過氧化氫（*aq*）→水（*ℓ*）+氧氣（*g*）

既然知道泡泡成分為氧氣，那麼線香小火苗靠近時，火焰因具有助燃性的氧氣濃度提高，燃燒更旺盛，火苗的火瞬間變大也就很好理解。回想蛋殼與醋反應產生的氣體是二氧化碳，與氧氣比較，後者會使小火苗燃起，前者則使打火機的明火立刻熄滅，也就是說**面對一瓶未知成分的氣體，以火焰靠近並觀察變化，是個可能可行的測試方式。**

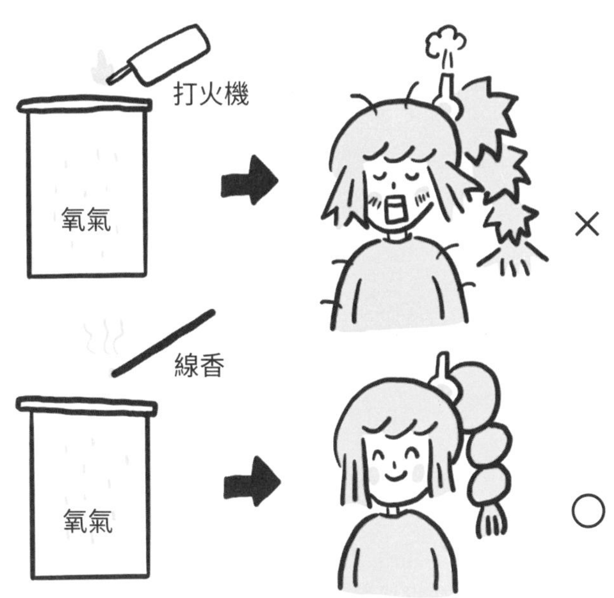

而為了安全考量，這裡選用線香而非打火機，一般面對數種可能的氣體，你也可以像這樣整理出這些氣體的特性，再做實驗驗證。

：我知道，這裡如果用煮熟的紅蘿蔔也會失效。

：學得很快欸，所以我們就別把紅蘿蔔煮熟，以免害反應被影響吧…

：雖然很想附和，但其實…反應不加催化劑也能發生（嘆氣）。

：為什麼啊？

：因為催化劑只是用來加速反應，唉…

：那～大家就別挑食，一起來吃紅蘿蔔吧！

一個難以發生的反應，可以因催化劑而加速，但**不會發生的反應不會因此無中生有**，雙氧水分解是本就存在的反應，所以長時間擺放產生氧氣後，雙氧水瓶變鼓、開瓶會有洩氣聲。藥局能買到高濃度（30%）雙氧水，對皮膚有腐蝕性，存放後如果有此現象，開封時務必小心。

我們可以利用象徵反應的箭號上、下方空間，標示出物種外的其他反應條件，式中催化劑三字也可直接改寫為過氧化氫酶，或是諸如溫度、壓力、酸鹼性、其他催化劑……等其他反應條件：

過氧化氫（*aq*）$\xrightarrow{\text{催化劑}}$ 水（ℓ）＋氧氣（*g*）

許多食材都具有過氧化氫酶，像是紅蘿蔔、金針菇、馬鈴薯、酵母粉、豬肝等，有興趣可以蒐集資料，並在家中動手嘗試。

：沒有催化劑的話，有耐心一點不就好了。

：那反應會不會很慢，慢到一輩子都沒有發生？

：我想要有雞肉自己變炸雞的催化劑！

：這樣啊，那我先去買炸雞，兩位稍等喔…

：（老師其實是明治許願成真的催化劑？）

催化劑乍看簡單，但針對需要的反應尋找適合催化劑，則是門大學問。舉例來說，**氮**是生物體胺基酸、蛋白質內重要元素，氮化合物更是農業重要肥料。但大氣中明明含有大量氮氣，人們卻遲遲無法應用，這是因為氮氣化學性質非常穩定，無法輕易發生反應，所以空氣中才能有那麼多氮氣，食品保存甚至利用填充氮氣的方式保鮮。

一直到1903年，德國科學家佛里茲．哈伯（Fritz Haber）與同事的發現才打破這個困境。他們利用特定溫度、壓力，以及鐵的催化，終於促使**氮氣與氫氣反應產生氨**，進而由氨合成各式含氮化合物，徹底改良農業，讓農產產量大幅提升，間接帶來人口成長，這就是大名鼎鼎的**哈伯法製氨**。從這個例子可以看出，為一個重要反應找到適合催化劑，對社會的影響是很大的！

哈伯法製氨使農藥量產技術提升，也導致炸藥合成原料更易取得，哈伯本人更曾投入戰爭相關化學攻擊武器研究，所以雖然這個發明讓他在1918年獲得諾貝爾化學獎，但至今他仍是最受爭議的獲獎者之一。

：考考你，最美的氣體是什麼？

：最美？是指化學毒氣，氯氣那種黃綠色的美？

：才不是哩，認真點！

：如果答案是氧氣…那…

：答對了，助燃就是美！

：人類腦袋到底都裝什麼鳥啊？

1 已知紅蘿蔔含有能分解過氧化氫的催化劑，還能怎麼改良，使氧氣產生的速率更快？

2 有個被稱為「大象牙膏」的科學實驗，應用到與本實驗類似原理。請參考大象牙膏的配方，但改用如紅蘿蔔、金針菇、馬鈴薯、酵母粉…等物品取代催化劑，找出效果最佳的配方。

科學專欄 拉瓦節燃燒學說點燃化學火

四元素論在 17 世紀逐漸式微，先是有波以耳發表著作反駁四元素論，再來更出現許多人從其他角度探討摸不到卻看得見的「火」。為什麼物質會燃燒、火算不算元素，燃燒背後機制又是什麼，當中又以德國科學家貝歇爾（Johann Joachim Becher）的**「燃素說」**最具代表性。

貝歇爾和波以耳一樣，利用許多化學方法進行實驗、分析數據並驗證自己的假設，終於在 1669 年提出他對燃燒現象的詮釋：可燃物體內具有一種可稱為**「燃素」**的成分，進行燃燒時這些燃素會被釋放，而剩餘物就是去除燃素的更純物質。依照這個學說反過來思考：物質燃燒後會剩下灰燼，所以把灰燼與燃素結合，就形成原物質。這個說法能完美解釋當時發現的許多化學現象，所以很快成為主流。

到了 18 世紀，法國科學家拉瓦節（Antoine-Laurent de Lavoisier）發現他在特定條件下進行燃燒實驗，最終結果竟與燃素說矛盾，於是他進行更多實驗並提出新想法，解釋這個現象。其實拉瓦節的本業並不是科學研究，而是徵稅員，他基於興趣，下班後投入自然科學實驗，還建立一間設備完善的私人研究室，可以說是史上最專業的業餘科學家。

實驗中，拉瓦節一改大家直接在空氣中燃燒的習慣，將金屬放在曲頸瓶中密封再燃燒，結果發現燃燒前、後，整個容器總重並沒有變化，於是他率先提出著名的**「質量守恆定律」**，認為**化學反應發生前、後，所有參與反應的物種總質量並不會改變**。

他接著將燃燒後的金屬從瓶中取出，另外秤重並與原本做比較，發現燒過的金屬質量更重。這個現象讓燃素說遭遇挑戰：如果燃燒時物質失去燃素，為什麼重量不減反增？而密閉瓶前後質量相同，金屬增加的重量又是哪來的？拉瓦節認為這是因為空氣中某種成分與金屬結合，導致重量增加，也就是說比起燃燒會釋放燃素，他更支持燃燒時會與某種物質結合。

隨著空氣中含有不只一種成分氣體的事實被發現，拉瓦節進一步將這種會參與燃燒的成分命名為**「氧氣」**（oxygen），並把整個過程想作是物質與氧氣結合的反應，推翻燃素說，提出新燃燒理論**「氧化論」**。

史上最專業的業餘科學家

耶比～下班了又可以做研究了

1789 年，拉瓦節發表著作《化學基本論述》，這是史上第一本化學教科書，發行後立刻引起熱潮。書中除了重申元素定義，還列出含 33 種元素的列表，雖然事後證明有些物質並非元素，仍不抹滅其貢獻。

這些著作與研究成果能成功推廣，也要歸功於他的最佳研究夥伴兼妻子瑪莉（Marie-Anne Pierrette Paulze）。她不只陪伴拉瓦節進行實驗，還時常幫助丈夫將研究成果翻譯，向國外推行。

拉瓦節與各國各派的人們討論研究成果時，發現大家對於物質並沒有共同稱謂，反而沿用許多煉金術時期較無系統邏輯的名稱，造成很多討論上的麻煩。於是便提出**《化學命名規則》**，號召科學界成立命名協會，才讓物質從此有了共通名稱，科學家彼此交流知識更加方便。

1794 年法國大革命爆發，拉瓦節因徵稅員身分被捕，同年 5 月被送上斷頭台。數學家拉格朗日（Joseph Lagrange）對此表

示：「砍下這顆腦袋只是一瞬間，但再過一百年也生不出那樣傑出的腦袋了。」儘管死因讓人感嘆，但拉瓦節以化學終結煉金術時代的偉大成就，使他被後世尊稱為**「近代化學之父」**。

如今燃燒被視為一種劇烈的氧化還原反應，是物質與氧化劑（比如氧氣）結合，伴隨光與熱的化學反應，火焰只是看到的現象，不是物質更不是元素，而且不論是想維持燃燒或滅火，都可以從燃燒三要素下手。從今日的角度看燃素說，會覺得幼稚好笑，但誰知道現在我們所相信的理論，會不會在數百年後被新發現推翻、被後世嘲笑呢？

PART

第三單元

我們不貪吃，只是有些實驗需要…

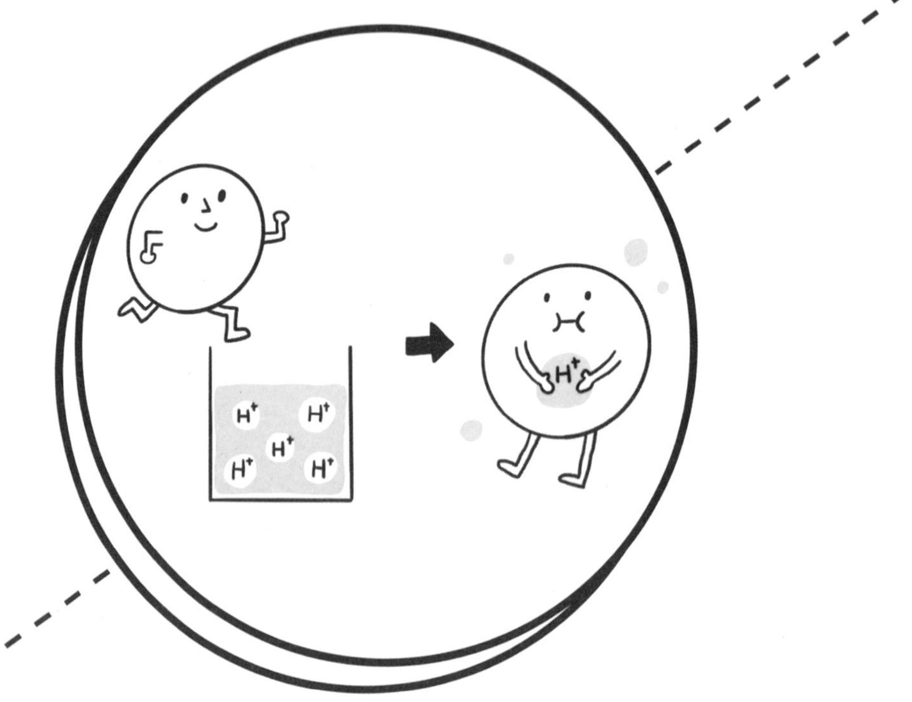

ACID+BASE

化學實驗不是只會把食物拿來玩，也可以做出好吃的東西。想到即將來臨的園遊會……阿樵和汶汶終於要發大財了嗎？

在這個單元裡，我們要從火山實驗開始，在吃吃玩玩過程中體驗酸鹼變色反應，邊實作，邊做出可以吃下肚的好玩食物。從椪糖、漸層飲料到變色蛋糕。下次的園遊會，不只能賣紅茶薯條和乾冰汽水啦。

START

中學相關學習內容

物質的形態、性質與分類（Ab）
物質反應規律（Ja）
水溶液中的變化（Jb）
化學反應速率與平衡（Je）

只有冒泡不夠看，做成火山才酷炫

：幸好有明治堅持，我才能順利吃到紅蘿蔔炒蛋。

：我是在明治緊迫盯人下終於吃完…趕快把盤子上的紅蘿蔔味洗掉！

：炒蛋有用油，要加點洗碗精！

：洗碗精？此時此刻拿出洗碗精，難道是…老天爺注定要我們做小蘇打火山？

實驗 EXPERIMENT

實驗材料：**小蘇打粉、醋、洗碗精、顏料、紙杯、廢紙與膠帶、深色黏土**

實驗步驟：

❶ **廢紙揉成團後，用膠帶貼在紙杯周圍。**

❷ **以黏土包覆周圍，整理並捏成火山造型。**

❸ **將一匙小蘇打與半杯水混合，滴入顏料調整顏色，接著加入少許洗碗精調整溶液至濃稠狀態。另外準備半杯食醋。**

❹ **把小蘇打溶液倒入火山的紙杯中，接著再加入食醋溶液，可以看到溶液混合不久火山便噴發了。**

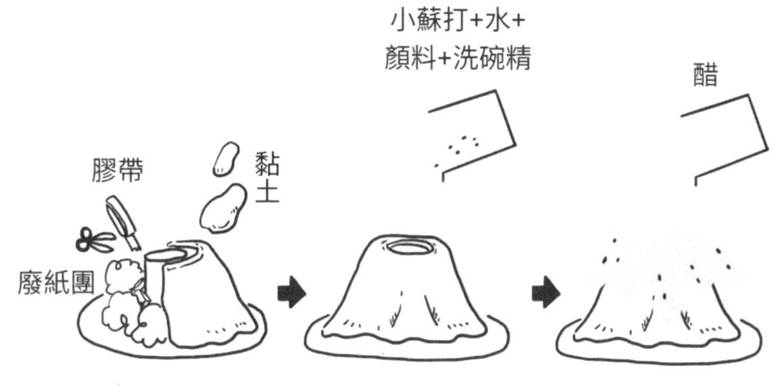

：我知道，這兩個東西混合產生的是二氧化碳，剛剛用線香試過！

：你用線香試，我覺得很欣慰～啾！

：為什麼小蘇打跟蛋殼，都能產生二氧化碳呢？

：二氧化碳化學式寫作CO_2，我們把兩個物質的化學式寫出來更能觀察出相同點喔！

小蘇打學名為碳酸氫鈉（$NaHCO_3$），和蛋殼或大理石的主要成分碳酸鈣（$CaCO_3$）不只名稱，連化學式都有些相似處，這個相似部分就是小蘇打粉加食醋也會產生二氧化碳氣體的主因。

類似反應也會發生在各種**碳酸某、碳酸氫某**……等藥品，例如製作鹼粽時摻入的食品添加劑、俗稱為蘇打的「碳酸鈉」，也能拿來做火山實驗材料。另外，酸性溶液部分，除了使用食醋，也可考慮將清潔用品區販賣的檸檬酸粉末配製成水溶液使用。

：這麼說也可以用蛋殼來做火山？

：要磨成粉末反應才會快！（躍躍欲試）

：不只是粉末，配成水溶液更是關鍵！

：沒錯，因為這跟物質狀態有關。

雖然這個實驗背後原理與蛋殼加酸反應很像，但只用蛋殼，不論磨得多細碎，都很難表現出火山效果。除了本性外，蛋殼是**固體**，小蘇打水是**水溶液**，這種**狀態差異**也帶來很大影響，因為在水或是其他溶劑中，物質可以依賴媒介溶解，變得更加均勻分散，便於混合，對反應物彼此碰撞更有利。

水能讓物質分散，這種分散分成兩種樣態，一種是單純讓分子均勻分布，例如砂糖溶在水中，另一種則是讓分子變成離子，例如食鹽、小蘇打溶解。以離子形式溶解的物質，通常也需要在水中才會由這些離子發生化學反應，所以說將乾燥的小蘇打粉和檸檬酸粉末混合，不會看到有氣體生成。

：原來水是這麼厲害的東西！

：說著說著我都渴了。

：（喝水）我們還可以藉著水來聊聊催化劑的狀態喔。

前個單元提到的催化劑，會因狀態不同帶來效果差異：將鳳梨塊倒入未凝結的吉利丁液，與將鳳梨汁混入吉利丁液，後者比較容易破壞凝結效果，所以有時遇到要進行溶液間的反應時，也可以試著調整催化劑狀態，觀察看看對反應速率的影響。

同相態催化劑有其優勢，異相態也有獨特之處。比如使用氫氣進行某些反應時，會使用固態的金屬鉑作為催化劑，反而能將氫氣吸附，讓反應更順利進行。所以說在催化劑的選擇上，同相、異相反應沒有絕對優劣，面對每個實驗，都要以客觀態度分析嘗試，挑選出最適合的做法。

：這種火山效果蠻不錯，拿到園遊會擺攤如何？

：還是用這個自製清潔錠？我記得原理類似⋯

：而且成本很低…

：這才是重點！

：啾啾，我聞到奸商的氣味！

1. 整理市售發泡錠、泡澡球、清潔錠等加水冒泡物品的成分，從中尋找出哪些物質，造成氣體產生？
2. 利用相同原理，但將火山改為其他具有噴發效果的物件（例如瓶蓋），做出具有特色的創意作品。

中學相關學習內容

物質的形態、性質與分類（Ab）
溫度與熱量（Bb）
物質反應規律（Ja）

小蘇打碰上糖，氣體變成綿密椪糖好滋味

：做清潔錠、擺火山噴發實驗…

：聽起來是個好無聊的攤位！

：為什麼無聊，做實驗不好玩嗎？

：園遊會應該要吃東西啊！不然擺個蘇打餅乾在旁邊當獎品？

：不用蘇打餅乾，小蘇打就可以吃啦，這次要用糖喔！

：學了那麼久，終於有東西吃啦，耶比！

：記得用食品級小蘇打，不要拿清潔用的喔！

實驗 EXPERIMENT

實驗材料：二號砂糖、小蘇打粉（食品級）、金屬鍋勺（可直接加熱）、筷子

實驗步驟：

❶ 筷子尖端蘸少許水後再蘸小蘇打粉，放在一旁備用。

❷ **將兩小匙砂糖裝進鍋杓，滴上少許飲用水潤濕後，置於瓦斯爐上燒烤。**

❸ **燒烤同時攪拌，糖會漸漸變為黃褐色直到完全融化。繼續加熱直到水份減少、糖液變得濃稠，並冒出大泡泡時，才關掉火源。**

❹ **把附有小蘇打粉的筷子戳進糖漿快速攪拌至少10秒，就能觀察到糖膨起。記得等溫度降低再試吃。**

❺ **除了砂糖，也可在製作時添加一些黑糖、梅粉增加香味！**

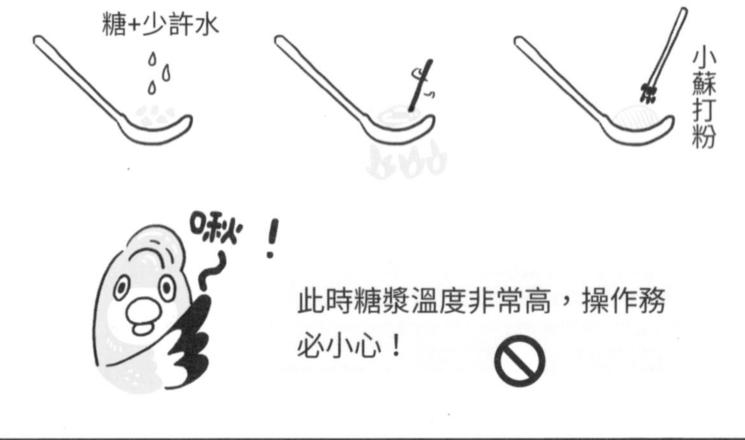

：有時成功有時失敗，這是什麼原因？

：我發現糖漿的冒泡狀態是關鍵，但又是什麼影響狀態呢？

：啊，難道和溫度有關？！

：確實和溫度有關，氣泡只是方便我們用肉眼觀察大致溫度。說到這個，碳酸鈣受熱也會分解喔！

前面提到碳酸鈣和碳酸氫鈉（小蘇打），都有**加酸冒二氧化碳**的特性，但其實這兩個物質還有另一個共同點，就是**受熱都會分解出二氧化碳氣體**。只是小蘇打只需50～60°C就會分解，碳酸鈣則需要800°C以上高溫，一般生活中難以達到，所以你很難想像石頭受熱分解。

雖然平常很難做到高溫讓碳酸鈣分解，但這個反應在工業上卻非常重要，因為產物包含氧化鈣，也就是**石灰**，除了直接作為建築耐火材料，還可以當乾燥劑，甚至能製成碳化鈣（俗稱電石），更能進一步製備乙炔，作為有機實驗合成的原料。所以下次看到貝殼、蛋殼、石頭，可得懷著肅然起敬的精神。

：好險石頭耐高溫，才能做懷石料理。好想吃看看！

：我倒覺得好險分解產生二氧化碳，如果是氧氣豈不是會燒起來？

：啾啾～憂國憂民好青年是你？

椪糖實驗正是利用小蘇打受熱產生氣體的原理製作：把小蘇打拌入糖漿中攪拌，溫度逐漸提升直到足夠分解時，就能看到焦糖液冒泡膨起，此時膨起的糖液與空氣接觸面積變大，使糖漿快速降溫又變回固態，就成為餅狀糖塊。椪糖使用的材料簡單、成本低廉，成品是否膨得夠大、能不能具備想要口感，全看作者經驗與技術，是一種好吃好玩的古早味點心。

如果將受熱、產生不可燃氣體兩個想法搭配，應該可以聯想到小蘇打粉的另一項應用——**滅火器填充物**。不過這只適用於某些火災，依照不同種類及用途，滅火器填裝成分也有不同，並非所有乾粉滅火器都填裝小蘇打，當然也並非所有火源都可以透過二氧化碳撲滅，還是要依現場條件挑選合適滅火方式。

：椪糖是比較鬆散的糖餅，那棉花糖呢？

：更蓬鬆療癒的糖吧！真讓人融化，好想自己做啊。

：利用旋轉力量，確實可以做出山寨棉花糖機喔！

 ：難道園遊會還可以賣棉花糖？

取一個半圓形茶葉濾網，將提籃懸掛在方便旋轉的地方，並在底部鋪上鋁箔紙減緩糖漿漏出，但保留側邊以便糖漿能有孔隙甩出。完成後將整個裝置放在大鍋子中，以便旋轉時，外圍有空間讓糖漿冷卻形成糖絲。

將冰糖與水以重量3：1混合後以小火加熱，沸騰後持續加熱直到糖漿更濃稠，呈現淺黃色且以筷子沾附可拉出細絲，就完成糖漿煮製，過程中幾乎不須攪拌。

接著將糖漿少量多次倒入濾網中心，並快速旋轉濾網，使糖漿能趁著液態時被從縫隙甩出，進而降溫形成糖絲，重複數次，大鍋子邊緣就會有大量絮狀糖絲，蒐集成團，就做出棉花糖啦！

（※注意：由於甩動過程中糖漿可能漏出，或是在鍋中凝結，一開始可以多煮一些備用。）

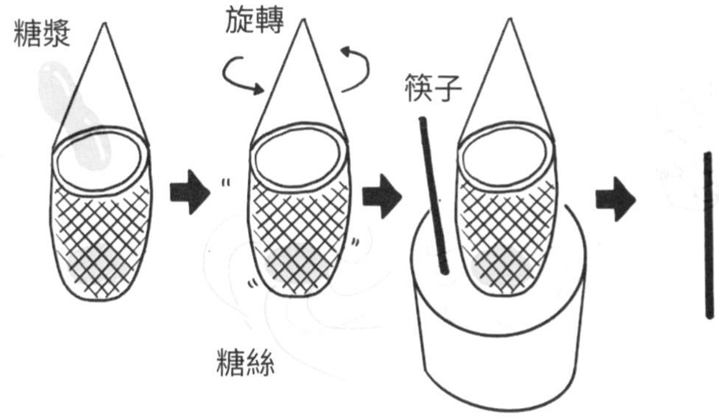

：雖然口感不如市售棉花糖，但勞動後的收穫…

：特別甜美，而且底部殘留的大塊糖餅好好吃喔！

：哇，感覺拿什麼水果放在底下沾，乾了就有一層薄糖，一定很好吃、很有賣點！園遊會攤位的創新美食…

：嗯…這不就糖葫蘆嗎？差點被你呼攏了！

1. 請查閱理化課本，找出一種（或一類）物質，其燃燒時若以小蘇打粉滅火，反而可能使火焰加劇。
2. 不管是椪糖還是後面實驗做的棉花糖，成功的重要關鍵都跟糖漿有關，請詳細觀察過程中糖液變化，最好包含氣泡大小、顏色、溫度等，並說說你的發現。

中學相關學習內容

溫度與熱量（Bb）
物質反應規律（Ja）
有機化合物的性質、製備及反應（Jf）

小蘇打再遇白糖，魔幻黑蛇隨著燃燒起舞

：要園遊會有賣點，乾脆加很多小蘇打做巨大椪糖。

：可是膨到一半溫度太低，小蘇打就不能分解了。

：那我們要確保溫度一直很高？難道要來燒酒精凍？

：這次用酒精就好，快動手吧！對了…這個實驗不能吃喔！

：蝦米？不能吃？

：嚴厲抵制！拒做啦！

：東方王這樣子我也不想鳥你了！

實驗 EXPERIMENT

實驗材料：**小蘇打粉、白砂糖、酒精（75%）、砂土、打火機、耐熱容器（鐵碗或瓷碗）、適當容器與攪拌工具、濕抹布（滅火用）**

實驗步驟：

❶ 在耐熱容器中裝約八分滿的砂土，並在中心按壓出一個凹槽。

❷ 將2克小蘇打粉與8克白砂糖混合，攪拌均勻後噴一點酒精潤濕，以便揉捏塑形成圓柱或圓錐狀。

❸ 在凹槽處與周邊澆淋20毫升酒精後，把塑形後的圓錐放置在沙土凹槽處，並於粉末上噴灑少許酒精。

❹ 朝著圓錐邊緣砂土點火，並確認粉末周邊都在燃燒，接著靜待黑蛇自火焰中竄出。

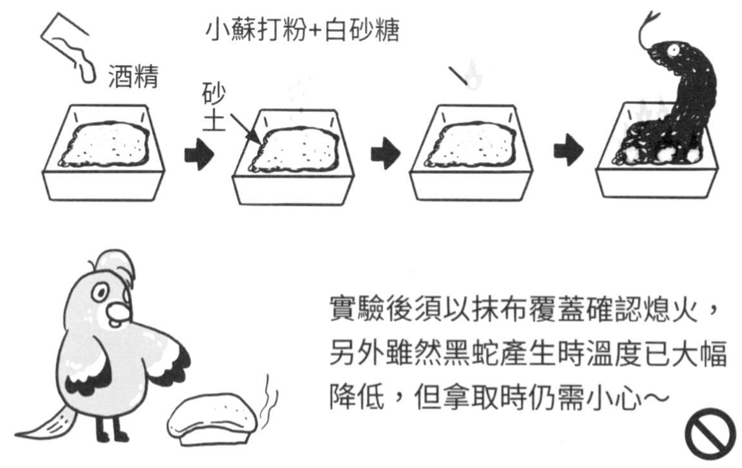

：快來看，我把黑蛇撕開，裡面好像海綿喔！

：跟椪糖很像但是又更鬆散了，這是什麼原因呢？

：這也跟實驗過程產生的氣體有關喔！

黑蛇的切面有著像海綿蛋糕的鬆散孔隙，這是加熱過程中產生的**二氧化碳氣體**造成。從前面實驗我們已經知道，小蘇打本身就會受熱分解，而白糖的主要成分是蔗糖，點火燃燒時會融化、產生焦香，繼續提高溫度也會分解，產物也有二氧化碳氣體！簡單來說，透過足量酒精加熱，就能維持燃燒，小蘇打跟白糖都保持高溫，進而使**分解反應持續發生**。

雖然黑蛇與椪糖原理類似，過程也都伴隨糖香，但蔗糖分解產物包含二氧化碳、水以及碳，這些碳搭著氣體膨脹，形成黑蛇蔓延的身體，這裡的糖已經變成碳，千萬別吃下肚。

：如果捏很大一坨，會不會做出又粗又長的黑蛇？

：明明知道你在說什麼，但還是覺得這句話聽起來怪怪的…

：好吧，不然心思純潔的你說說看該怎麼講？

：反應物用量、捏製形狀改變，對成品外形的影響…

：你贏了…果然是學霸…

在這個實驗中，小蘇打與白糖的比例對實驗結果有很大影響，而整體用量、捏塑的形狀、澆淋酒精量與燃燒過程差異（如均勻程度）等，都可能造成成品差異。除了外形，總長度、總重量、內部孔隙大小…都是可以觀察的應變變因，可在家中嘗試。

完成一項有趣實驗後，可能會有很多想測試的點子，這時可以試著用更精準的方式描繪實驗內容，例如**總長度、切面直徑、周長、孔徑直徑、重量、密度**等，讓遊戲不只是遊戲！

：白糖燒出碳，怎麼想都很突兀。

：不會啊，醣類不就是碳水化合物嗎。

：原來是這個意思？

：不要小看通俗名稱啊。

在食品營養標示中常看到**「碳水化合物」**這個寫法，其實指的就是**醣類**，因為醣類由碳、氫、氧組成，且多數時候氫和氧的比例又與水相同，才會有這個別稱。事實上在方糖上滴加少許濃硫酸脫水，也可以觀察到碳元素。

：濃硫酸很危險，實驗一定要做好防護～啾啾！

並非所有糖當中的氫氧比例都剛好和水一樣，像**鼠李糖**就是例外。更特別的是，就算比例剛好和水一樣，醣類分子當中也沒有水，而是很多被稱為「某某醇」類會含有的**「羥基」**，一個羥基在分子中無法帶來甜味，但多個羥基就能讓人嘗出甜味。葡萄糖有五個羥基，而學名戊五醇的木糖醇、學名己六醇的山梨糖醇，分別具有五、六個羥基，都是常添加在無糖口香糖中的**甜味劑**！

：我有次擦完乳液時不小心舔到，甜甜的難道也是醇類？

：難道我上次啄人手手感覺甜甜的也是？

：有可能是甘油喔，學名丙三醇。

：那為什麼要把甜甜的東西擦在手上呢？

：是為了保濕喔，這是醇類另一個獨特性質。

：我知道，這個叫親水性！

1 自行改變粉末比例、捏製的形狀，做出自認效果最佳的黑蛇作品。

2 許多甜味劑都屬於醇類而非醣類，摻入食品能使熱量大幅降低，很受減重者歡迎，但這些物質進入人體是否對代謝造成負擔，還沒有定論。請挑選任何一種甜味劑，查找相關資料後，提出你對於此食品添加物的正面或反面觀點。

中學相關學習內容

物質的分離與鑑定（Ca）
物質反應規律（Ja）
酸鹼反應（Jd）

變色蛋糕，研究酸鹼還能填飽肚子

：黑蛇稍微切一下，根本可以當蛋糕模型。

：不然我們做一些假的蛋糕擺在攤位當裝飾？

：啾啾啾，抓到啦，不實廣告！

：想要蛋糕不早說？簡單啦，就拿雞蛋糕粉偷懶一下…

：老師快說你這次想幹嘛？

：我想加點～葡萄汁！

實驗 EXPERIMENT

實驗材料：雞蛋糕粉或鬆餅粉、葡萄汁、蛋糕模具與烘烤設備、新鮮檸檬

實驗步驟：

❶ 依照雞蛋糕粉背面配方調製蛋糕麵糊，但液體部分改用葡萄汁取代。邊攪拌邊觀察麵糊的顏色變化。

❷ 將麵糊送至烤箱烘烤後，切片置於盤中。

❸ 在蛋糕橫切面處擠上檸檬汁，觀察蛋糕的顏色變化。

❹ 如果還有剩餘麵糊，也可在烘烤前擠少許檸檬汁，以筷子稍微翻動、在表面繪製後再烤，就能直接烤出有獨特畫作的雙色蛋糕。如果搭配不含葡萄汁的原味麵糊，甚至能做出三色蛋糕！

：這個變色蛋糕很有賣點呢！園遊會就決定用它了！

：我想想喔…麵糊是墨綠色、滴檸檬汁變成粉紅色，啊，酸鹼變色？

：不錯喲！看一下蛋糕粉成分，有沒有熟悉的物質？

：碳酸氫鈉…又是你啊小蘇打粉！

國小的酸鹼變色實驗，最常使用的指示劑是**紫色甘藍菜汁**，而蝶豆花、葡萄汁也都含有**花青素**，在不同酸鹼環境下能呈現不同顏色。基於口味，這個實驗採用葡萄汁進行，雖然顏色不如另外兩者多端，卻依然可見明顯變化。

一般麵糊加水或牛奶後會呈淺黃色，但由於市售蛋糕粉類當中含有鹼性小蘇打粉，添加葡萄汁會造成顏色變化，所以拌好的麵糊會是墨綠色。烤熟後在墨綠色蛋糕滴上酸性檸檬汁，就能看見蛋糕變成粉紅色。

：哇，所以改用甘藍菜汁做蛋糕也能成功？

：沒錯，因為這兩種汁液裡面都含有花青素。

：花青素為什麼可以變色呢？

：這可就說來話長啦！

人們最早對於酸鹼的描述是以五感為主，認為酸的定義是品嘗起來有酸味、鹼的定義則是苦味、觸碰起來有滑膩感等，而現代提到的酸鹼，較常使用阿瑞尼士「解離說」的定義：

酸是在水中可以產生氫離子（H^+）的物質，鹼則是產生氫氧根離子（OH^-）

我們可利用這兩種離子的數量關係，進一步分辨酸鹼。當溶液中H^+比OH^-多時稱為**酸性溶液**，H^+比OH^-少時則是**鹼性溶液**，若溶液中H^+與OH^-相等，就稱為**中性溶液**。但憑肉眼無法看到離子，只好借重葡萄汁、甘藍菜汁內含的花青素在不同酸鹼性溶液下會有不同結構，來呈現不同顏色的特性當作指示劑。以酸性溶液（含有H^+）為例，將反應概念簡化成下頁的圖：

顏色改變是發生化學反應時可能觀察到的現象之一，所以嚴格來說，變色後的結構已經不是原本的花青素。其實除了花青素，還

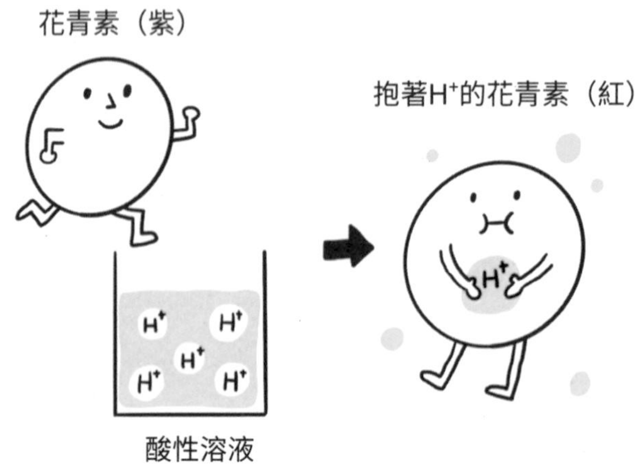

有許多物質都有這種特性，而且每種物質變色時對應的酸鹼濃度都不同，又稱為**指示劑的變色範圍**。

有的指示劑（例如酚酞、石蕊）只有兩種顏色，有的指示劑（例如甘藍菜汁中的花青素）則有多種顏色，都有各自用途。

：紅龍果整個紅通通，也能拿來玩吧？

：加醋或檸檬汁…這樣味道應該還可以，乾脆都加吧！

：啾啾啾，我這次偵測到拉肚子警訊！

甘藍菜加入蛋糕雖然會變色，但可能不大好吃，所以可以改變作法，取甘藍菜煮湯，再把寬冬粉這類易觀察、易上色吸水性又佳的食物放進紫色湯汁中煮熟，就能得到具有變色效果的寬冬粉。食用時淋上醋汁，在餐桌上也能體驗科學之美。

若不想花時間烹煮，也可以買市售黃色油麵，將油麵泡到甘藍菜汁不會染成紫色，而是會變成綠色！這是因為油麵製作時，會加入**鹼水**導致本身偏**鹼性**。你也可以把綠色麵條丟入醋中搓揉，直到酸鹼中和、花青素變成紅色，這樣就做出黃、綠、紅三色麵條啦。

：我覺得甘藍菜汁的變色效果比葡萄汁好，就賣這個吧！

：但那個味道，我不行…

：這令人印象深刻的味道，難道是…甘藍菜鬆餅？

：沒錯，搭配果醋服用，根本是站在時尚尖端的點心。

：我吃過之後考試都考100分喔！老師再來一塊嗎？

：這…這可是你們重要的園遊會商品哪！我就不多吃啦…

：看來我園遊會當天注定要在攤位跟救護站之間來回奔波了…

1. 上網搜尋資料，找出除了花青素外，生活中有沒有其他物質或食品，顏色也會隨著酸鹼而變化？
2. 蛋糕直接澆淋檸檬汁，雖能變色卻會破壞口感。找看看有沒有別種應用方式能維持蛋糕口感，但仍保有變色效果。

中學相關學習內容

物質反應規律（Ja）
水溶液中的變化（Jb）
酸鹼反應（Jd）

薑黃粉殺人事件，兇手只是酸和鹼？

：雖然甘藍菜汁顏色變化多端，但玩久了還是有點膩。

：而且老實說那個味道…沒有香一點的變色實驗嗎？

：有的有的，咖哩裡面的薑黃也會因酸鹼變色喔！

：耶比這次有咖哩吃了！

：東方王是不是不忍心告訴他們是用薑黃粉而不是咖哩？

實驗 EXPERIMENT

實驗材料：薑黃粉、酒精、小蘇打粉、直尺、適當容器

實驗步驟：

❶ 在約 10 mL 酒精加入一小匙薑黃調開。由於薑黃在水中的溶解度較低，故使用酒精當溶劑。

❷ 將薑黃酒精溶液均勻塗抹在某塊皮膚上。不想使用酒精也可直接塗薑黃粉末，只是較難塗抹均勻。

❸ 在直尺側面上抹上小蘇打粉。

❹ 把直尺當成刀子，輕輕劃過塗抹了薑黃的皮膚，劃過之處變成橘紅色，就像是假血特效一樣。

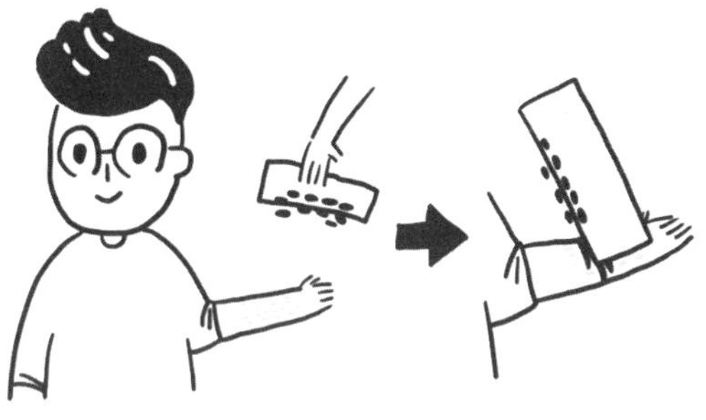

：看我的厲害…（用直尺劃過學霸）

：啊，我屎掉惹…

：你們的演技，國小話劇社…啾！

：快收拾一下命案現場，要講解囉！

除了花青素，咖哩中的重要辛香料**薑黃**在酸鹼下，也會呈現不同顏色。變色來源是當中一類被稱為**「薑黃素」**的物質。它也是一種天然色素，容器盛裝過咖哩，或咖哩沾附到衣物，都可能殘留難以洗掉的黃色污漬。

一般酸鹼變色實驗的玩法，常是在配製好不同濃度酸鹼溶液中，逐杯滴加指示劑觀察顏色。我們可以更進一步把這種概念變成「無字天書」，用水彩筆沾附酸鹼溶液，於圖畫紙上作畫，等乾燥看不出痕跡時，再把薑黃液、甘藍菜汁液噴在紙面，就能觀察到圖畫紙上附著過酸鹼的部分，顏色與周圍不同。而薑黃顏色剛好像皮膚，遇鹼又變成如血一般橘紅色，藉此就能做出假傷口特效。

：雖然很好玩，但薑黃沾到東西上真難洗！

：這麼說來，你有沒有覺得那張紙上的薑黃比剛剛稍淡？

：好像有，難道…是傳說中的…靈異事件？

：咳咳咳，這叫光解啦，是一種光化學反應。

薑黃素雖然可以做為染料，但在陽光照射時，會**吸收紫外光產生分解反應**，生成無色產物進而使顏色褪去，利用這個特性，可以讓陽光幫我們做出特製卡片：

首先在卡片紙上均勻噴灑薑黃酒精溶液，等待紙張風乾呈淡黃色，接著取樹葉、鋁箔剪裁成喜歡圖案後，用夾子或透明膠片壓住固定，作為薑黃紙卡上的遮光物，再把整個裝置拿到陽光下曝曬。

大約20～30分鐘後移除遮光物，就會看到遮蔽處維持黃色，但紙張其他部分卻褪成偏白顏色，形成獨一無二的手作薑黃卡片。

：照光就反應分解…如果垃圾也有這個特性該有多好！

：不只是你，很多科學家也很期待這件事發生。

：做出可以被光分解的塑膠袋！

除了薑黃，某些有機化合物也具有這種受陽光（特別是當中的紫外光）照射會分解的特性，又稱之為**光解**。將光解原理應用在某些醫療廢棄物，能讓物質排放後隨著光照降低汙染性，減輕環境負荷。

光解還能應用在生活中其他面向，比如空氣清淨機常標榜的**「光觸媒」**功能。觸媒就是催化劑的意思，而光觸媒則是指這種催化劑需要照光，才會被激發成具有催化反應功能的狀態，進而讓周遭有害的汙染物質發生分解反應，降低異味並清淨空氣。

：光觸媒聽起來很厲害，裡面到底是什麼東西？

：常見的光觸媒材料是奈米級二氧化鈦。

：奈米就是那個很短很短的單位，標示奈米就是強啦！

：明明是因為奈米粒子較小，反應活性比較大吼！

1 想想看酸鹼變色這個特性，還能怎麼玩？

2 請查詢奈米光觸媒應用在空氣清淨功能的原理。你認為疫情肆虐時，使用奈米光觸媒清淨空氣是否有殺菌效果，為什麼？

中學相關學習內容

物質的分離與鑑定（Ca）
物質反應規律（Ja）
酸鹼反應（Jd）

酸鹼變色能吃能喝，文青專屬漸層特調

：花青素變色蛋糕、薑黃也可以玩變色遊戲，但好像少了什麼⋯

：肯定是缺少學習科學時那種悸動⋯

：我覺得只是缺少飲料。園遊會的真理是賣飲料比食物更賺啊！

：聽說隔壁班要賣乾冰汽水，我們要賣別的嗎？

：當然要賣汽水跟他們拚了啊！

：會跟隔壁班打起來嗎，看來我得更忙了啾。

：簡單嘛！我們繼續利用酸鹼的概念不就好了？

實驗 EXPERIMENT

實驗材料：乾燥蝶豆花、檸檬汁、透明汽水、冰塊、冷熱水、適當容器與一較高透明杯

實驗步驟：

❶ 將乾燥蝶豆花泡熱水，待顏色明顯後過濾留下液體，放涼後備用。

❷ 在透明杯底部先倒入純檸檬汁約1～2公分深，加入冰塊直到容器七成滿。

❸ 沿著杯緣輕輕倒入汽水至容器7～8分滿，維持檸檬汁在底部不可攪拌。

❹ 再次加入冰塊使容器全滿，再輕輕倒蝶豆花液直到裝滿，漸層飲料就完成啦。

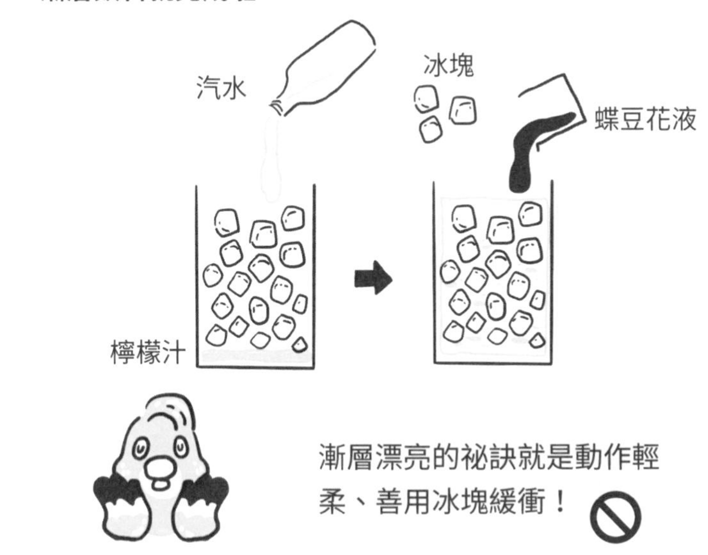

：蝶豆花變色也是因為花青素吧？那可以改用甘藍菜汁嗎？

：當然可以，但聽起來很難喝…

：我突然想到前面做的…甘藍菜鬆餅…

：（不太美好的回憶湧上）

：我…我決定來講解這個飲料…轉移話題…

蝶豆花浸泡液同樣富含花青素，能因溶液酸鹼變色。當我們將檸檬汁注入杯中，先加入大量冰塊，就是要**當作緩衝，減慢兩種溶液混合速度**。倒入汽水、蝶豆花液後，上下層檸檬汁濃度有明顯差異，且濃度由下往上遞減，因此會飲料會呈現漸層不同的顏色。

不過溶液由高濃度朝低濃度方向擴散為自然現象，所以這種利用濃度差做出的漸層效果不耐搖晃，更無法久存。做出成品後，可以趕緊拍照保存，飲用前也建議先搖勻再喝，風味較佳。

：為什麼那杯漸層那麼漂亮，我的只有兩種顏色啊？

：你太粗魯，倒溶液動作要像你對教科書的態度一樣輕柔。

：對教科書嗎…其實不管什麼書，我都是用力讀完他…

：聽起來你無緣做漸層飲料了！

植物中的天然酸鹼指示劑很多，但應用這些植物來測量酸鹼，卻得回溯到西元1660年，波以耳實驗室中的一場小意外。

這天清晨，波以耳隨手把收到的紫羅蘭花束放在實驗桌上，卻在實驗時不慎打翻酸性溶液，溶液在桌面流動沾染到花朵，波以耳趕緊想要清洗，卻發現這些花瓣竟然由紫變紅！

波以耳驚喜之下，找來更多不同種類花朵植物進行測試，最終發現**石蕊**這種植物變色效果極佳，因而發表**「酸會使石蕊變紅、鹼會變藍色」**的酸鹼定義，並把石蕊這些會變色的物質命名為**「指示劑」**。

：嗚嗚嗚，我永遠沒機會像波以耳一樣。

：你說像他那樣發現酸鹼指示劑、提出氣體定律⋯嗎？

：不是，我是說收到花⋯他收到紫羅蘭當禮物⋯

：不要難過⋯沒有人會安慰你⋯

：連鳥兒也不想鳥你！

：科學永遠都是你的好朋友喲。（眨眼）

波以耳奮力研究的過程中消耗大量材料，為了節省成本，他想到一個改良方案：先用水或酒精浸泡植物製成浸液，再把紙片泡入溶液染色、取出晾乾作為試紙。誰能想到當時他發想出省成本的點子，在三百多年後的今天，已演變成實驗室常見、初步分析酸鹼的材料——**石蕊試紙**雛型。

雖說當時波以耳用石蕊的顏色來評斷酸鹼，但酸或鹼的濃度需到達一定程度，顏色才會發生變化。僅憑藉顏色來判斷酸鹼還是不夠精確，這才催生了**pH值**這種更為精準的判斷工具。

1. 運用相同的酸鹼溶液，滴加葡萄汁、甘藍菜汁、蝶豆花液，紀錄並比較不同花青素的顏色差異。
2. 仔細觀察並找出生活周邊，葉子顏色偏紫紅色的植物，切碎泡水萃取其花青素溶液。測試是否也可作為酸鹼指示劑？

科學專欄 那些年，科學家秤重秤出的心得

在波以耳與拉瓦節兩大前輩努力之後，化學研究不僅脫離傳統神祕的煉金術模式，搖身變為有統一命名、可供各國交流的獨立學說，還因質量守恆定律啟發，促使後繼投入研究的科學家，更加重視數據資料佐證學說、學說解釋實驗數據的做法。

首先要講講定組成定律，這個定律又稱為**定比定律**，是 18 世紀末法國化學家普魯斯特（Joseph Louis Proust）提出。普魯斯特仔細分析了數種物質，發現不論是天然還是人造的鹼式碳酸銅中，含有碳、氫、氧、銅四種元素的質量都具有固定比例，因此提出一個想法：**特定化合物中，含有的元素組成質量比例相同**。

就像許多學說問世時，都會引來正、反觀點一樣，普魯斯特的想法受到另一位法國化學家貝托萊（Claude Louis Berthollet）質疑，兩人互相論辯，想方設法駁斥對方。針鋒相對數年後，定比定律才終於受到科學界普遍肯定。

貝托萊和普魯斯特的論辯促使人們更加深入研究，終於逐漸釐清「化合物」與「混合物」的差別。生活中接觸的大部分物質都是混合物，可能會因為所處環境不同而有不同成分、成分間組成比例不同，這些物質當然不符合定比定律。相反的，化合物則是**純物質**的一種，含有的成分元素間有固定組成，性質也固定，則能支持普魯斯特的想法。

舉例來說，呼吸空氣中至少含有氮氣、氧氣、二氧化碳、水

氣等諸多氣體，如果取用海平面上的空氣，與沙漠的空氣做比較，水氣含量就有明顯差異，但兩者都被稱為空氣，是種**混合物**；而不論從哪裡提取空氣，裡頭的二氧化碳都是不可燃不助燃氣體，當中含有碳與氧的重量比例皆是定值，而且與實驗室製備出的二氧化碳也相同，這就是一種**化合物**。

定比定律想探討的，就是如二氧化碳這種不論來源為何都一樣的「化合物」，而非空氣這種因取用的地點不同會有差異的「混合物」。

到了 1803 年，道耳頓分析了幾種化合物，發現特定條件下，這些化合物內含的同種元素，質量間有倍數關係，於是率先發表**倍比定律**，幾年後在倍比定律基礎下，提出他最著名的**「原子說」**。這個學說幾乎可謂是集當時科學界大成於一身的跨時代學說，不只可以解釋各種定律背後原因，更為秤量出的質量數值賦予新意義。

原子說主張**「原子」是組成物質的最小單位，本身有固定的質量，不能再被分割且無法憑空創造，化學反應就是原子本身重新排列組合**。也就是說我們接觸到的化合物，其實是由數顆原子緊密連接在一起構成，如果這些原子彼此分開再以其他方式重新接合，產生新的物質，就是發生了化學反應。

20 世紀初最偉大科學家之一、美國的理論物理學家理查費曼

（Richard Phillips Feynman）曾經說，如果要用一個理論濃縮人類千百年科學研究成果，首選就是原子理論。這說法精準指示出科學史上，原子概念提出是多麼重要。雖然隨著時代演進，更多學說推陳出新，讓定比定律、原子說甚至質量守恆定律，都出現需要修訂的瑕疵，但正是由於這些論點曾被深信不疑，科學才能站在一定基礎上，越來越精進！

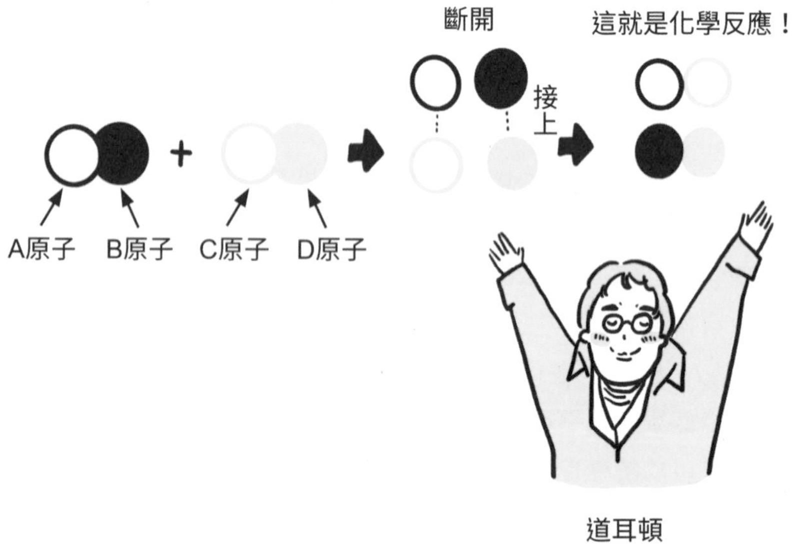

H⁺
H⁺
H⁺
H⁺
H⁺
H⁺

PART

第四單元

科學人當偵探，離真相越來越近

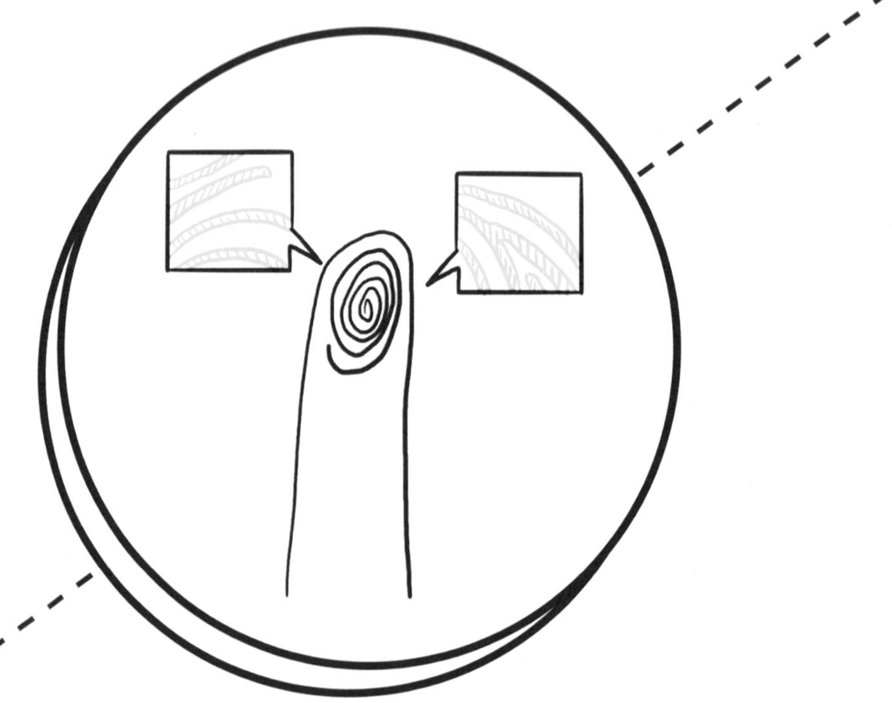

FINGERPRINT+TECT

愛看推理影集的汶汶，一直嚮往可以拿著放大鏡進入案件現場，冷靜觀察，最後發現真相，伸張正義⋯

「醒醒吧，普通人！」汶汶被喚醒，「攤位排班輪到你啦！」原來是園遊會的日子啊⋯

沒關係，在這個單元，在東方王和明治帶領下，阿樵和汶汶即將體驗幾種不同的驗鈔方式，也會實際動手採集指紋，以科學專業眼光破解不實廣告。燃燒偵探魂！

START

中學相關學習內容

物質的組成與元素的週期性（Aa）
能量的形式與轉換（Ba）
物質的分離與鑑定（Ca）

又會變色又發螢光，薑黃粉比人忙

：可惡啊，逛園遊會一不小心，衣服沾到薑黃…

：恭喜你得到一件會酸鹼變色的衣服，何不抹點小蘇打？（奸笑）

：不只喔，你還得到一件會發光的衣服喔！

：沙毀？

：做實驗、做實驗、做實驗！

實驗 EXPERIMENT

實驗材料：**薑黃粉、酒精、黃色紙卡、棉棒或水彩筆、藍色玻璃紙、無痕膠帶、具手電筒功能手機或白光LED手電筒**

實驗步驟：

❶ **在20mL酒精中，加入一小匙薑黃粉調開，接著把薑黃溶液當作顏料，在黃色紙卡上畫圖。待乾燥後，紙卡上看不出塗抹薑黃溶液的痕跡。**

❷ **比對光源尺寸，剪裁一張與光源同寬、長度約四倍的藍色玻璃紙。**

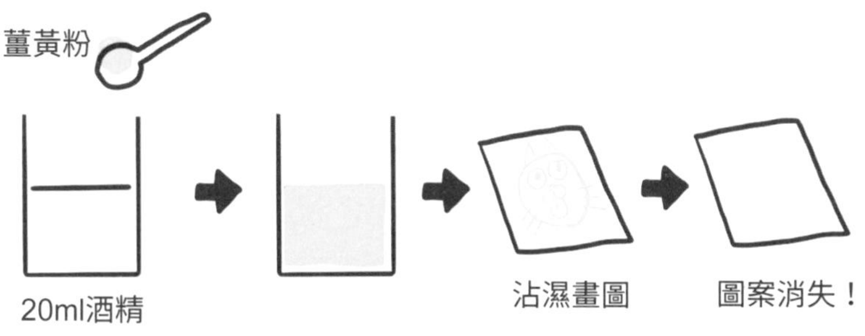

❸ **將玻璃紙對折兩次（變為四層）後，以無痕膠帶黏貼在光源上，此時打開手電筒會是藍色光。**

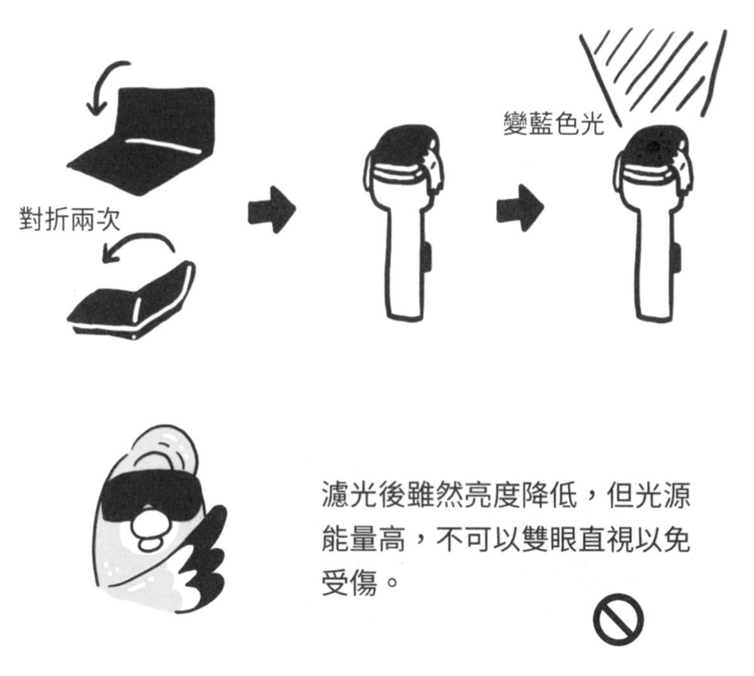

❹ 在暗室中以此藍色光線照射卡片，會發現塗抹薑黃的部分發出螢光啦。

：再給我一張，我決定用薑黃寫告白卡片！

：聽起來很浪漫！

：那快來聽聽原理，這樣告白成功後，聊天話題就有著落了。

：啾…不確定人類標準，但這種話題在鳥類世界會一輩子當孤鳥的！

在前面單元裡，我們曾經利用水鴛鴦鞭炮中的粉末，觀察不同元素燃燒時釋放的焰色。不論是焰色還是螢光，都是原子中**電子被激發再釋放能量**的過程，只是能量大小造就了光的種類與樣貌差異。在這裡我們利用手電筒光源提供能量激發電子，但螢光較微弱難以觀察，所以需要先濾光**降低強度**。

並非所有光源或任何顏色玻璃紙都有這種功效，因為白光LED燈的顏色，來自於內部的藍光LED，加上外罩上塗有黃色螢光粉，所以在白光LED燈前使用藍色玻璃紙，就可在降低光線強度同時，保留原本的藍紫光。這種藍紫光的波長與紫外光接近，強度足以激發薑黃中的電子，進而產生螢光。

：這麼說來平常光線下，很多物質也可能有螢光，只是我們看不到囉？

：螢光比較弱一點，得放到暗處才能看見，也不容易拍攝。

：那螢光絲呢？用這個光照紙鈔也可以嗎？

：你很聰明，想到可以用這個光驗鈔喔！

很多國家的鈔票都有防偽設計，其中一種是在紙中摻入**螢光纖維**，這種螢光同樣可透過自製的藍紫色光源激發進而發出螢光，所以手機光就能拿來驗鈔。此外，出入某些遊樂園時，園方會在遊客手上蓋上肉眼看不見的螢光印章，這種章也可以透過手機光源看到。

真正的紫外光能量雖高，但不是可見光，肉眼無法看見，而實驗中過濾後的藍光雖然亮度低，卻仍具有極高能量，千萬不可以隨便用肉眼直視！

：可惜這是薑黃酒精溶液，不然做個薑黃冰塊，不是很有趣？

：世界上物質那麼多，一定有個東西是能發螢光又能做冰塊的！

：看來你們需要通寧汽水，從冰塊到飲料通通都發光！

薑黃以及通寧汽水當中的**奎寧**，都具有某些特定結構，經激發後會放出螢光，所以某些店家販售主打極光、螢光的調酒飲品，通常就是以酒類佐以通寧汽水而成。在家中也可以拿通寧汽水，或是汽水做成的冰塊，來自製螢光效果飲品。

：我好苦惱啊，如果告白成功，要去哪裡約會？

：你要不要等告白成功再來煩惱？

：我建議找家有賣極光特調的店…

：因為燈光美、氣氛佳，可以OOXX嗎？

：當然不是，我是想說這樣飲料上來之後，你可以從螢光飲料到告白卡片的原理都講清楚…

：然後從口袋拿出藍色玻璃紙跟無痕膠帶，現場示範手機驗鈔嗎？

（眾人猛點頭）

：啾…我…突然想到還有其他事，先飛囉掰掰。（風一般神速）

1 結合蝶豆花與通寧水，挑戰看看能否調出一杯不管光線明暗狀況如何，都能吸引眼球的飲料。

2 螢光現象除了用在化學合成，也對生醫相關研究有諸多貢獻。請以「螢光蛋白」為關鍵字上網搜尋，看看生物學家怎麼從發光水母開始，利用螢光讓醫學研究更上一層樓。

中學相關學習內容

波動、光及聲音（Ka）
科學、技術及社會的互動關係（Ma）

紙鈔印刷多精緻，手機顯微鏡秀給你看

：剛剛廣播說有班級的攤位收到假鈔，要我們收錢時小心…

：那要拿藍色玻璃紙來這邊用了嗎？

：可是這裡好亮，很難觀察螢光絲…

：驗鈔的方法很多，就用我隨身攜帶的…廢棄雷射筆吧！

：到底誰會隨身攜帶這種東西？

實驗 EXPERIMENT

實驗材料：廢棄雷射筆、有相機功能的手機、尖嘴鉗之類拆解工具、毛根或髮夾、無痕膠帶、紙鈔

實驗步驟：

❶ 將廢棄雷射筆之筆頭拆下，小心取出筆頭鏡片。

❷ 以毛根或髮夾固定鏡片，接著將其對準手機鏡頭。若手機鏡頭不只一個，可先開啟拍照功能，觀察近距離畫面時工作鏡頭是哪個再對準。

❸ **使用無痕膠帶將毛根或髮夾另一端黏在機身，簡易手機顯微鏡就完成了。**

❹ **對準紙鈔某些細小印刷處，調整手機與紙鈔距離直到畫面最清楚後，再拉近放大這些印刷。**

❺ **利用手機顯微鏡觀察一般印刷品，與紙鈔是否有很大不同？**

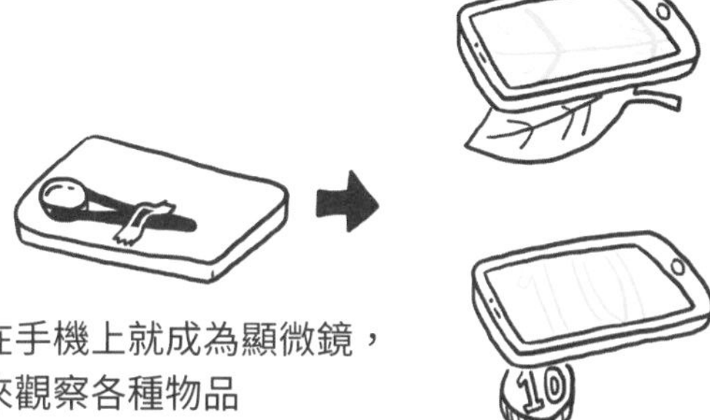

固定在手機上就成為顯微鏡，可用來觀察各種物品

：紙鈔印刷好精細，真不愧是用錢堆積出來的作品！

：印的精巧也是要工具才看得到。這個鏡片是凸透鏡吧？

：沒錯，雷射筆頭通常會使用5mm凸透鏡片，這種鏡片可以幫助光線聚焦。

：凸透鏡？！我記得一般放大鏡就是凸透鏡？

：反應很快嘛！我來說明一下吧。

把手機想成是人的眼睛，視力正常者眼中所見畫面清晰，但有遠、近視困擾的人則無法透過肉眼看清楚，只好透過外加鏡片，也就是眼鏡輔助。手機相機使用縮放功能同時，焦距也會跟著自動調整，但是畫面距離若太近、放太大，仍然無法對焦，這時候透過外加**凸透鏡**，協助**匯聚光線**，就能改善問題，使手機搖身變為顯微鏡。

既然手機放大畫面模糊時，需要凸透鏡聚焦，那麼在鏡頭前直接黏貼一個放大鏡也能達到類似成果，只是效果會比雷射筆頭稍遜一籌。

現在通用的紙鈔除了螢光絲、特殊用紙與油墨、浮水印等防偽機制外，還會使用特殊的印刷方式，即便放大，每條紋路都清晰可見。在紙鈔的各種紋路中，還可以找到與面額相同的數字。比如千元鈔上就有許多肉眼看來只是花紋的小地方，藏著小小數字1000，作為防偽辨識。

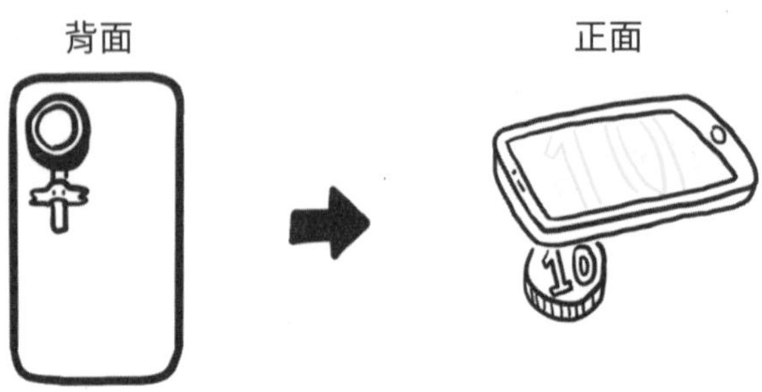

：如果原理跟眼鏡類似，那可以用汶汶的眼鏡片代替嗎？

：用完快還我啊！沒有眼鏡眼前一片模糊…

：唉呀，好像不太行…

人眼是個非常精密的光學儀器，當中的**「水晶體」**構造，功能相當於**能自動變換厚度的凸透鏡**，會隨著要看的畫面遠近不同，自動調整焦距，使視網膜上成像清晰。

如果某人長時間看近處，或是眼睛老化，導致水晶體失去彈性無法恢復，就會造成畫面不清晰。所謂的**近視**，就是水晶體處於看遠方畫面會**太早聚焦**的狀態，所以配戴**凹透鏡**幫助畫面發散再重新聚焦；**老花眼**則剛好相反，是畫面**太晚聚焦**，這時則要利用**凸透鏡**輔助，讓發散的光線趕緊會聚。近視與老花症狀完全相反，使用的鏡片也截然不同。

1. 用自製手機顯微鏡觀察紙鈔，找看看有多少肉眼看不見、同鈔票面額的小數字？
2. 使用手機顯微鏡觀察校園中，細小物品或動植物，並利用拍照功能，把你看到的特別影像記錄下來。

中學相關學習內容

生物體內的衡定性與協調（Dc）
科學在生活中的應用（Mc）

到處刷粉末，偵探遊戲必備採指紋活動

：你終於回來了，有大事發生，攤位飲料被偷喝了！

：什麼？一定要找出兇手！

：我知道！這時候應該要拿一隻毛毛刷，採飲料杯的指紋⋯

：哪來的毛毛刷啦！

：我聽到你們期待與呼喚，這時候就需要用到我隨身攜帶的2B鉛筆啦！

：老師的口袋到底有多少東西？

實驗 EXPERIMENT

實驗材料：**2B鉛筆、砂紙、棉球或棉棒、馬克杯或其他不吸水材質、膠帶**

實驗步驟：

❶ 手指在鼻頭、額頭上塗抹，沾附皮膚油脂後，於馬克杯乾

燥區域按捺指紋，並自行記得位置。

❷ 拿2B鉛筆在砂紙上來回磨擦書寫，磨出碳的粉末。

❸ 將棉球或棉花棒拉成蓬鬆狀態，蘸上粉末後，朝馬克杯輕刷。此過程力道需非常輕，僅讓棉花尖端輕觸馬克杯。

❹ 輕刷一會兒後，指紋已經完整可見。將周邊殘餘粉末拍落後，就可以膠帶將指紋黏起，貼在白紙上觀察。

：哇，這也太神了吧！以後請叫我神探。

：要能找出犯人才能叫神探吧？

：我知道，犯人就是你（指）。

：這位同學…採的不是自己的指紋嗎？

手指表面皮膚像印章一樣有許多紋路，而且布滿**汗腺**，如果把汗液想成墨水，那麼接觸物體時，手指就像連續印章一樣，會在物體表面「印」上指紋，這便是指紋觸物留痕的特性。

由於接觸後會在杯上殘留油脂，所以使用**不吸水的碳粉**輕拍，碳粉就會附著在油脂上，達到指紋顯現效果。如果想確保採集更順利，只需稍微抹一些鼻頭、額頭分泌的油脂輔助即可。指紋顯現後以膠帶黏起，貼在白紙上，好好觀察採集到的證據。在家中也可利用印泥按捺該指指紋，做為比對。

：雖然說採集完了，但該怎麼比對呢？

：那還不簡單，你的指紋這邊有個分岔、我的沒有，就看出來啦！

：如果有更多人，會不會重複？

：重複？人類真麻煩，哪像我們每隻鳥都不一樣！

：這不用擔心，我來說明一下吧！

每個人的指紋生而不同，就算受到少許損傷，也會修復回到原狀，這是指紋終身不變的特性，就算是雙胞胎也頂多具有相似指紋，很難完全吻合。依照統計學推算，地球人口就算到達百萬兆，也不會有兩枚完全相同的指紋！

仔細觀察，會發現每枚指紋除了大致輪廓差異，還會有**分岔、起終點、彎曲、孤立點**等細節差異，這些部分稱為**指紋的特徵點**。台灣現行的指紋比對認定，就是抓取指紋的特徵點，只要有12個

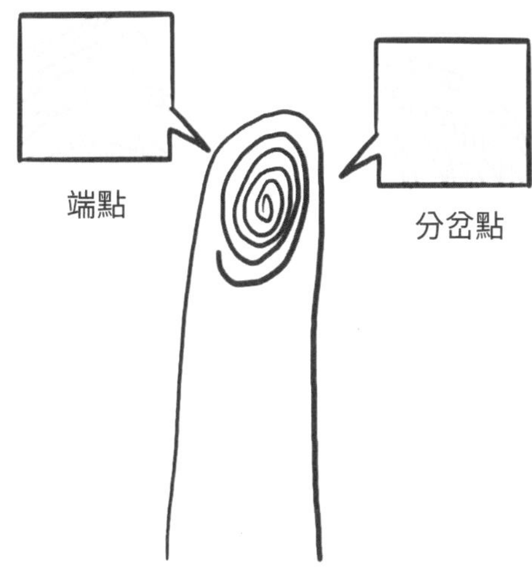

特徵點相同，相對位置也一致，就視為兩枚相同指紋。

人眼無法和儀器測試一樣精準，幸好自己進行比對體驗時，也不會有大量指紋資料庫需要使用，所以大約圈出3～4個特徵，就能找到正確對應了。

：如果只要不吸水粉末，那還有別的材料能用嗎？

：我想想…前陣子用過的暖暖包…

：很不錯的材料！那這次別用棉花，用磁鐵吧！

在馬克杯上按捺指紋後，取一個強力磁鐵，並以廚房紙巾對折數次，墊在磁鐵前，以免直接吸附鐵粉不好清除。接著將磁鐵靠近拆開的暖暖包，以磁力吸取粉末。

以粉末尖端靠近按捺指紋的地方來回刷動，同樣不可太用力，幾次後就能看見指紋浮現。原來廢棄暖暖包不只可用來做磁力異形，還有這個用途。

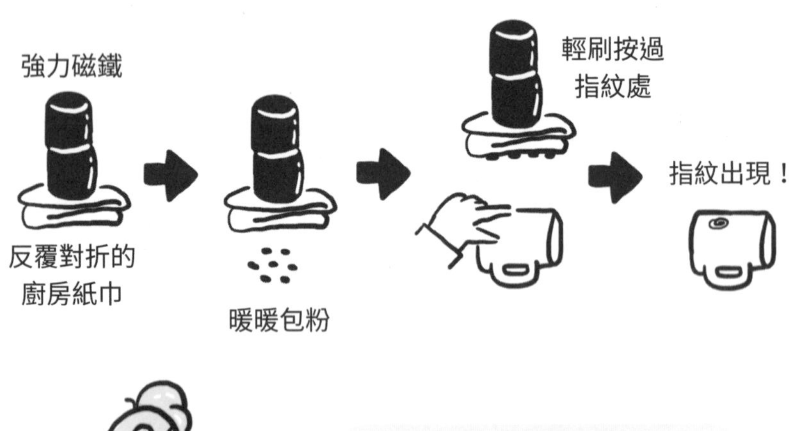

如果不小心把粉末壓太密，可以移開紙巾讓其掉落、重新吸取啾！

：暖暖包粉末顆粒太大，效果稍遜一籌…國小實驗的磁鐵粉能用嗎？

：好像可以，再把磁鐵黏在竹筷上，更好拿！

：變成筆型採指紋工具，使用更順手！我來想想廚房紙巾可以換成…吸管…

：成果太棒了，根本可以拿去警察局賣！

：我們要發大財了嗎？

：並沒有…磁性筆加磁性粉末，早就是現場標配了好嗎？

1 除了鉛筆碳粉、暖暖包鐵粉，想想生活中還有什麼材料可以拿來採指紋，又可以自製什麼裝置搭配呢？

2 上網搜尋指紋紋型分類，比對看看自己是屬於哪種紋型呢？

中學相關學習內容

物質的分離與鑑定（Ca）
科學在生活中的應用（Mc）

請三秒膠出馬，潛伏指紋無所遁形

：剛剛的杯子上有水漬，指紋特徵點不夠明顯，怎麼辦？

：桌面周邊呢，說不定會留下什麼痕跡！

：這麼厲害，科科科南4你？

：啊…是黑色的，刷上去看不到碳粉啊！

：黑色物品當然要白色指紋，還好我一早出門時鞋底掉了…有買這個寶貝！三～秒～膠！

實驗 EXPERIMENT

實驗材料：不吸水小物（磁扣、深色紙卡、小塑膠片…均可）、三秒膠、衛生紙或廚房紙巾、附蓋塑膠盒

實驗步驟：

❶ 在不吸水小物上按捺指紋後放入塑膠盒中。如果是雙面按壓，可以在邊緣處夾上曬衣夾再放入，確保下方也有反應空間。

將紙巾對折數次，放在塑膠盒中不與小物接觸，接著再將三秒膠擠壓在紙巾上。使用三秒膠務必小心謹慎，若不慎沾到皮膚，可使用去光水擦除，軟化後再沖洗乾淨。

❷ 由於三秒膠與紙巾會發生化學反應，放出熱量同時產生能與指紋殘跡作用的三秒膠蒸氣，所以擠壓完只需闔上蓋子靜靜等待20分鐘即可。

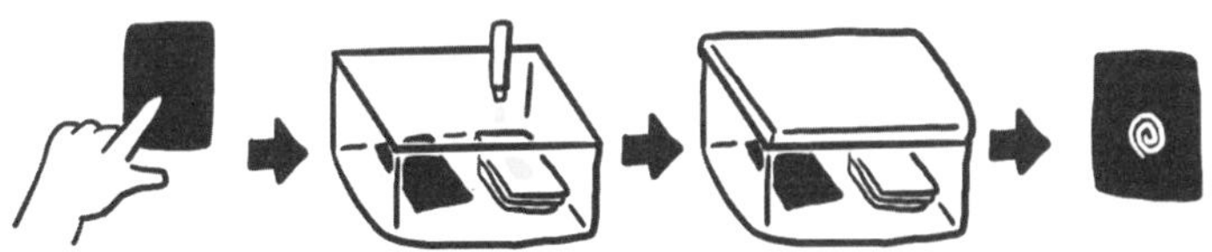

要移動紙巾時，小心燙手啾！

：哇，這白色痕跡就是指紋！

：但如果指紋按在白紙上，能顯示別種顏色嗎？

：先把三秒膠染色之類的？

：染色沒那麼簡單，但可以換種藥品採集喔！

指紋按捺後殘留的汗液中，大部分成分是水，少部分為油脂、胺基酸、鹽類等其他分泌物。因此除了以粉末附著，也可以利用藥

品與汗液中各種成分反應，產生有色物質，藉此使指紋顯現。

比如**三秒膠**中的氰丙烯酸酯與汗液反應，能產生白色物質，**硝酸銀溶液**噴灑後能反應產生棕黑色產物，而別稱寧海德林的**茚三酮**靈敏度極高，產物又呈現紫色，最常被鑑識人員運用在白紙文件上。

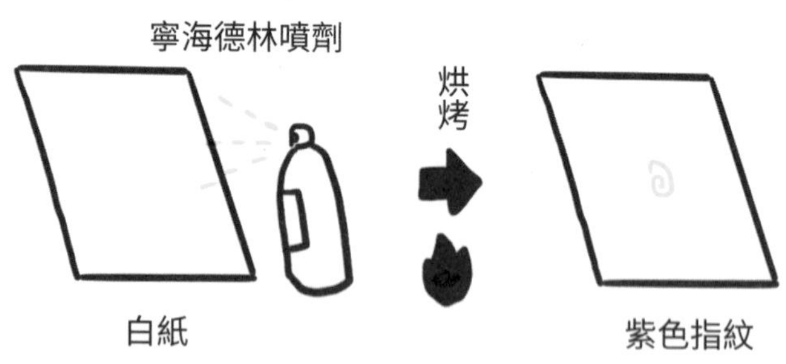

家中進行實驗時，只需利用三秒膠與紙巾反應放出的熱量，就可以產生足量氰丙烯酸酯蒸氣，且不只待採集物，連塑膠盒都可能浮現指紋。而實際應用時，鑑識人員還會使用烘箱加熱，確保蒸氣更多、反應更快，以免遺漏重要線索。

：我在想，人們究竟是什麼時候發現指紋能辨別身分？

：而且除了指紋，難道沒人提出其他工具嗎？

：我好像聽過測量雙眼間距、鼻孔間距…之類的方法。

：方法聽起來有點鳥？

：別這麼說，那可是人體量測學的輝煌時代！

如何透過線索揪出犯人，一直是警察機關重要任務，雖然在1880年代就有一些針對指紋特性的相關研究，但都沒有決定性證據指出指紋如此獨特。而指紋學說的競爭對手貝迪永（Adolphe Bertillon）的**人體量測學**，主張每個人因骨骼體型不同，即便身高相同，人擺出坐、站、伸展⋯等不同動作時身長皆有差異，頭蓋骨尺寸更是重要項目，應當蒐集身體相關多個數據做為比對依據。

相較於指紋，人體量測學原理更加直觀易懂，加上貝迪永透過這些數據資料庫，成功逮捕化名慣犯，從此聲名大噪，許多警察機構立刻跟進，採用人體量測學當作身分識別工具。當時相信指紋、支持指紋學說反而是少數呢！

：如果回到那個時代，說出指紋多好用的我會不會成為首席學者啊？

：可能會因為說不出理由，完敗給貝迪永吧？

：按照地動說的事蹟⋯還可能被當異類燒死啊，啾啾啾！

：當先知其實很孤獨呢！

隨著越來越多機構採用人體量測學，它的問題也慢慢出現。比如美國某監獄待補犯人威爾威斯特（Will West）建檔時，發現他的外觀與獄中另一名犯人、他素未謀面的威廉威斯特（William West）幾乎一樣，且量測後發現人種數據也幾乎相同，只剩下指紋能辨識差別。

後來，越來越多事件指出，比起數枚指紋加上人體量測，蒐集完整指紋比對身分，不只成本更低還更有效。因此，指紋才終於取代人體量測。現在隨著科技進步，指紋、臉部等**生物識別技術**，更被廣泛應用在3C產品上。

1. 想像一下在沒有指紋鑑別的時代，你可能想到什麼方式辨認身分？
2. 早期役男入伍體檢時，都會按捺指紋並建檔，必要時可做刑事偵查用途，但基於隱私權此規定已經取消。近年來有重大意外事件發生時，總會有人提出為方便辨識身分，應蒐集全民指紋並建立指紋資料庫。查閱相關資料，說說看你比較支持指紋為隱私，不應被迫提供，還是支持將全民指紋建檔呢？

中學相關學習內容

物質反應規律（Ja）
氧化與還原反應（Jc）

維生素C假扮清潔劑，氧化還原破解詐騙廣告

：那邊有個班賣清潔劑，竟然現場示範，把衣服上的醬油漬清乾淨，想買！

：哪個牌子的清潔劑啊？

：說是自製的，內含專利超活性因子，快速破壞污漬。

：逮捕逮捕，這說法聽起來就是詐騙。

：來來來，做個實驗破解詐騙廣告吧！

實驗 EXPERIMENT

實驗材料：碘酒、維生素C錠、白色手帕、牙刷、水及透明容器

實驗步驟：

❶ 準備兩杯水，一杯滴入碘酒調出醬油色溶液，另一杯放入敲碎的維生素C錠粉末溶解。

❷ 在白手帕上隨意潑灑少許碘酒溶液，做出污漬效果。

❸ **以牙刷沾附維生素C溶液，當作清潔劑刷洗污漬，發現棕色立刻褪去，難道維生素C是個超級強效的醬油清潔劑？**

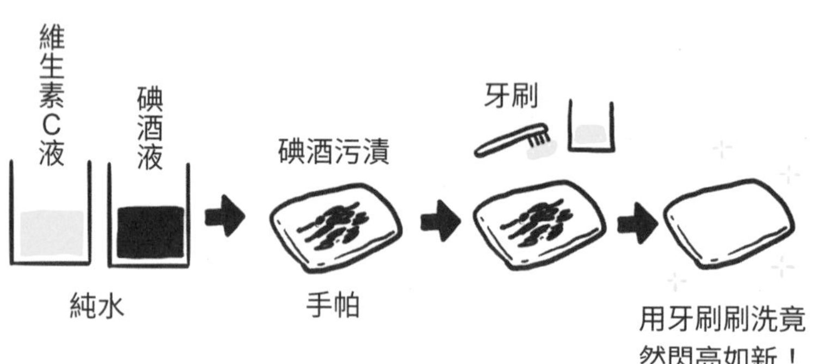

：哇，洗掉污漬的狀況那個攤位展示的清潔效果一樣明顯！

：既不是醬油，也不是真正的清潔劑…難道犯人是…化學反應？

：真相只有一個。

：各位偵探，準備好聽解說了嗎？

水中的**碘元素**會以不同形式存在，因而呈現不同顏色。比如碘酒稀釋液中的棕色，就是三碘陰離子，在此以棕色碘表示；而滴加維生素C後的無色溶液，則含有碘離子，我們以無色碘代稱。棕色碘和無色碘彼此間透過**氧化還原反應**可以**互相轉換**：

氧化與還原反應相輔相成，當棕色碘還原成無色碘同時，維生素C則發生氧化反應。我們也可以說由於維生素C氧化，促使了棕

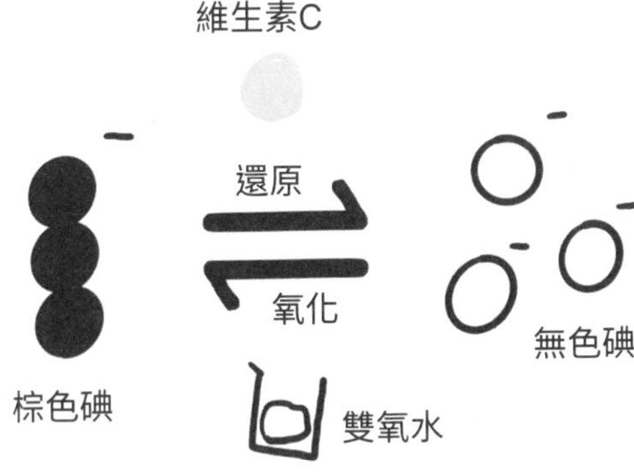

色碘發生還原反應，所以維生素C是**還原劑**；反過來說，棕色碘對於維生素C而言則是**氧化劑**，因為若沒有棕色碘存在，維生素C也無法發生氧化反應。

：這原理給了我靈感，可以用發泡錠來做實驗。

：發泡錠有什麼特別？

：褪色又有氣泡，可以做紅茶變汽水魔術。

：那我還可以把汽水變成紅茶，只要用雙氧水就好！

碘酒褪色效果肉眼可見，可以發揮創意做各種改良魔術，無敵清潔劑、紅茶變汽水、無字天書……等。除了保健食品，新鮮水果也含有許多維生素C，所以改以果汁取代藥錠亦能實驗，甚至可測量褪色所需果汁用量，推測水果中維生素C含量多寡。

如果想把無色碘氧化變回棕色碘，就需要使用氧化劑。使用急救箱中的**雙氧水**，就能完成棕色到無色、無色又變回棕色的循環。

只不過家用雙氧水濃度較低，實驗用量較大，故改用藥局販售的高濃度雙氧水效果較好，但要小心高濃度雙氧水**具有腐蝕性**，使用時務必配戴手套、護目鏡做好防護。

：10% 以上的雙氧水是很強的氧化劑，使用務必小心！

：我決定拿著雙氧水去那個攤位，破解他們的謊言！

：等等，這個行為好像比高濃度雙氧水的腐蝕性更危險？

：（拉不住他就轉移話題）按照氧化還原的原理，還有其他東西可以讓碘酒褪色吧？老～師！（大聲呼喚）

：一般還原劑都可以啊…

：如果有兩個東西都會反應…哇，跟快篩偽陽性很像啊！

：（呼，安全了）

想針對特定物質進行檢測，則取用的反應物**是否會被物質中其他成分干擾**，就會對實驗結果造成很大影響。舉例來說，碘酒褪色可能來自維生素C，也可能來自其他還原劑，所以不能完全確定一杯褪色效率極高的果汁中，維生素C含量一定很高。

例如為了避免過多干擾，檢測新冠肺炎使用的快篩試劑是採用**抗體、抗原**的形式進行。以抗原快篩進行檢測時，如果待測檢體含有新冠病毒，表面的抗原就會被快篩試劑中的抗體捕捉，呈現陽性反應，反之則呈陰性。

許多生物、疾病的檢測，都採用特定抗原會與特定抗體彼此結合的**專一性**進行，相較於氧化還原已經準確許多，但仍難免遇到偽陽性反應呢！

：我在大賣場也看過這種清潔劑現場示範⋯啊⋯（突然意識到自己講錯話）

：快說在哪裡？我要帶雙氧水過去伸張正義！

：好不容易才阻止竟然又提？可惡啊啾！

1 調配一杯碘酒溶液，均分為三份，並選用家中現有、能榨汁的三種水果果汁，滴加進去看看哪種果汁維生素C含量可能最高？

1 過去曾經發生奶粉中添加三聚氰胺，導致嬰兒健康受損的毒奶粉事件，隨著事件爆發，讓人注意到許多成人奶粉也添加三聚氰胺。請查詢添加三聚氰胺對於奶粉成分檢測的影響，說說看為什麼會有這樣的添加物？

科學專欄 肉眼看不見：原子、分子和亞原子

道耳頓提出原子說時，想像各種元素都是原子構成，氧氣就是一顆氧原子、氫氣則是一顆氫原子。這個獨特概念造成轟動，科學界的大家遇到新發現時，總會想以原子角度詮釋，比如給呂薩克（Gay-Lussac）。

給呂薩克研究發現，氣體彼此反應時，若維持同溫度、壓力，其體積關係恆為簡單整數比。比如 2 公升氫氣與 1 公升氧氣反應，會產生2公升水蒸氣，也就是氫氣、氧氣、水蒸氣之體積比為2：1：2。如果要用原子來解釋，給呂薩克認為「相同體積氣體具有同樣數量原子」這個想法最合理。

但依照這個邏輯，我們需要將反應物中的氫原子與氧原子，在生成物區域分為兩份，以滿足體積比2：1：2，但原子不可分割，加上氧原子原本只有一份，又怎麼在反應後被分割成兩份？

義大利化學家亞佛加厥（Amedeo Avogadro）對這個議題很感興趣，思索後發覺：這些問題只要把道耳頓說的「氧氣是一個氧原子」改成**「氧氣是兩個氧原子構成」**來解釋就說得通！

於是亞佛加厥便在 1811 年提出要在原子之外增添一個叫**「分子」**的單位，把氧氣、氫氣、水……這些由原子組合而成的物質通稱為分子。

提出分子這個新名稱後，亞佛加厥更重新詮釋氣體化合體積定律，他認為氣體反應之所以維持固定體積比，是因為**在同溫、**

氧氣是一顆氧原子

「原子」無法解釋啊，這樣怪怪的！

我知道了，氧氣是兩個氧原子結合成的「分子」！

道耳頓　研究氣體反應的給呂薩克　亞佛加厥

同壓下，同體積的氣體會含有相同數量的分子。

可惜的是，亞佛加厥的想法在生前沒有受到關注。直到過世後，才因為被義大利科學家坎尼札洛（Stanislao Cannizzaro）引用，終於被科學界注意到。

這些學說讓科學家可以從微觀分子、原子角度，解釋巨觀看到的燃燒、氣體反應各種現象，學術也因此蓬勃發展。

19世紀末，科學界流行的研究主題之一是**陰極射線（Cathode ray tube，CRT）**，這種射線需要將玻璃管內抽氣到接近真空、並在管壁塗佈螢光劑，再放入電極通以高壓電才能看見。這種射線還有特別之處，就是會受到電場、磁場影響改變方向，而湯姆森（Joseph John Thomson）針對數據做推算，在 1895 年提出結論：「不管哪種金屬原子，產生的陰極射線都相同。」

這個說法意味著世界上存在一種比原子更小的粒子，且透過特定裝置就能促使原子將這種粒子釋放出來，湯姆森將這種帶負電粒子命名為**「電子」（electron）**。這是科學史上第一次有人正式提出原子當中有更小粒子，徹底打破道耳頓認為原子不可分割的概念，湯姆森也因此多了個有趣外號：能分割原子的男人。

除了電子，湯姆森的學生拉瑟福（Ernest Rutherford）發現到原子之中還含有原子核，核中更有帶正電的質子；拉瑟福的學生查兌克（Sir James Chadwick）發現核中除了質子還有中子，之後科學家發現這些粒子其實是由更小的夸克組成……我們將這些比原子還要更小的粒子歸於「亞原子」類。也就是說在肉眼無法直接看到的微觀世界中，有**分子、原子，以及比原子更小的亞原子**！

前面提到阿瑞尼士的酸鹼定義：在水中產生 H^+ 者為酸、產生 OH^- 者為鹼，其實裡面出現的**「+、-」符號就隱藏亞原子**。以酸為例，原本氫是含有 1 個電子的中性原子，以符號「H」表示，但如果氫將電子丟掉，相當於失去了負電，於是殘留下來的氫離子就會帶正電，符號也就變為「H^+」。

瓶裝水廣告上常看到 H_2O 的標示，這則是分子的概念，用元素符號與數字代表水分子當中含有原子的種類及個數。氫是 H、氧是 O，H_2O 的意思就是水分子當中含有 2 個氫原子、1 個氧原子。

從原子說到發現電子與原子核，科學家不只研究化學反應，還能探討反應物背後，這些粒子蘊藏的共同點，為後來的**量子學說**奠定基礎。下一次看到生活中出現這些元素符號，別忘了致上崇高敬意喔！

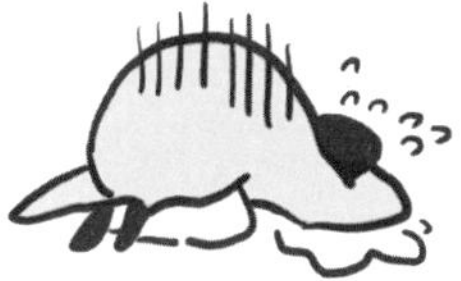

PART

第五單元

想隨身攜帶，就把實驗放到瓶子裡

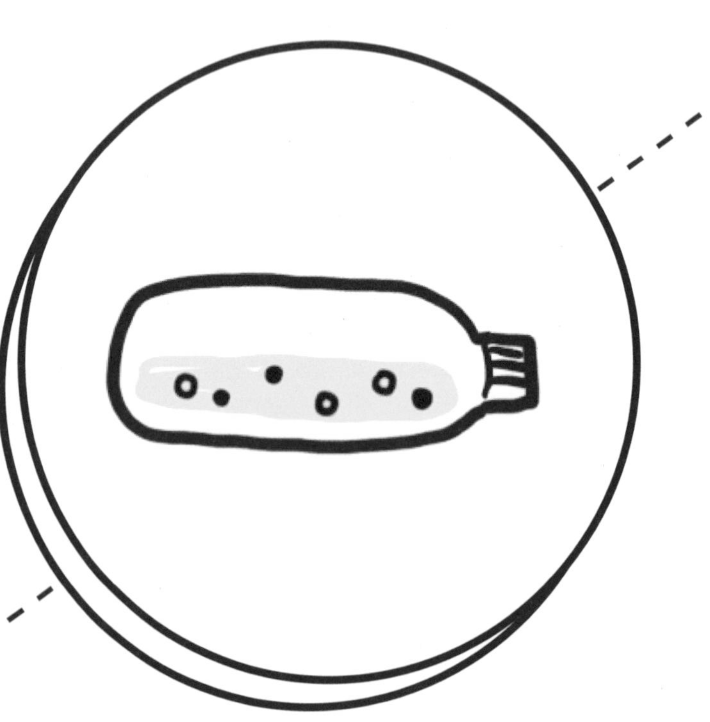

BOTTLE+ELECTROLYSIS

隨著動手次數增加，阿樵成績逐漸提升，常和汶汶一起帶大家做實驗。但每次下課總搞得滿桌容器。「吼，有沒有一個瓶子就能完成的實驗啊？」

東方王露出神祕微笑，明治提醒：「東方王的實驗時機就是手邊剛好有材料時，快去撿瓶子吧！」

最後一個單元，會先用充電線代替電池做電解，把廢棄打火機拆掉，接著再拿出瓶瓶罐罐自製搖搖變色瓶、爆炸特效瓶跟酒精槍瓶，最後教你隔空壓瓶、完成資源回收！

START

中學相關學習內容

水溶液中的變化（Jb）
氧化與還原反應（Jc）

缺乏維生素C，通電電解也可以氧化還原

：收拾園遊會時撿到的碘酒，想到詐騙就生氣！

：息怒息怒，坐下來追追劇吧！

：剛剛打電動，手機早就沒電了啦。

：那就充電吧（遞）。

：欸，這難道是碘酒和充電線？嘿嘿嘿⋯

：東方王就是這樣，兩位人類認命把材料交出吧啾！

實驗 EXPERIMENT

實驗材料：**附變壓器之廢棄充電線或電池盒、美工刀、鉛筆芯（或迴紋針）、碘酒、檸檬、適當容器**

實驗步驟：

❶ **在碘酒溶液中逐滴加入檸檬汁（或其他含維生素C溶液）直到變成透明，放在一旁備用。此過程盡量不要加入過多維生素C。**

❷ 把附變壓器的廢棄充電線連接電器一頭剪開，割去最外層電線皮，露出較細的正、負兩極電線。再把細電線前端約3**公分電線皮去除，露出銅絲。**

「使用美工刀割去外層皮、留下銅絲的動作較精細，務必注意安全啾！」

❸ 兩端銅絲分別與鉛筆芯（或迴紋針）纏繞，作為兩個電極。

說明：使用電腦劃卡專用的粗2B鉛筆芯或一般筆芯，均可很快看到棕色。若取用迴紋針做電極，由於迴紋針也會參與反應，所以需要較長時間，且除了棕色亦會看見綠色產物。

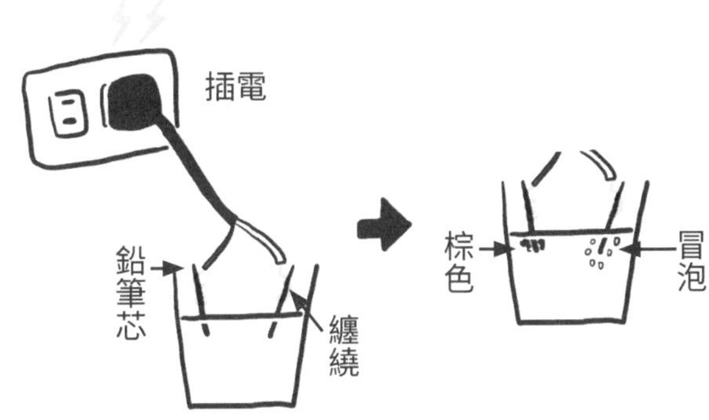

❹ **把兩個電極插入透明的碘酒溶液中，確認兩極金屬沒有相接處（沒有短路風險）後，再接上插座通電。**
❺ **觀察電極，其中一端透明溶液逐漸變回碘酒棕色！**

：通電能變色，難道也是氧化還原？

：你上課沒認真聽吼，這當然是氧化還原。

：可是…不管剛才的維生素 C 還是現在的通電，都沒有氧啊！

：嘿嘿嘿，可沒有規定氧化還原一定得有氧。

：這得來聊聊氧化還原的廣義定義啦。

由前面實驗我們知道，碘元素透過氧化還原，可變成不同型態進而顯現不同顏色，但是當中並沒有氧元素與碘結合。這是因為廣義來說，氧化還原反應並非單指氧元素轉移，而是**泛指電子在物質間得失**的現象。**物質失去電子時稱為氧化，得到則是還原**，所以電池的電子流動，也屬於氧化還原。

當溶液接上電源，電極兩端會分別發生**電子流至溶液**以及**自溶液流入電極**兩種相反現象。電源的負極（通常是黑線端）有電子流至溶液，被水接收後還原成氫氣，在電極周邊冒出氣泡；無色碘則在正極（通常是紅線端）失去電子，氧化變回棕色碘。這種不需要添加藥劑，僅需通電就能啟動氧化還原反應的現象，又稱為**電解**。

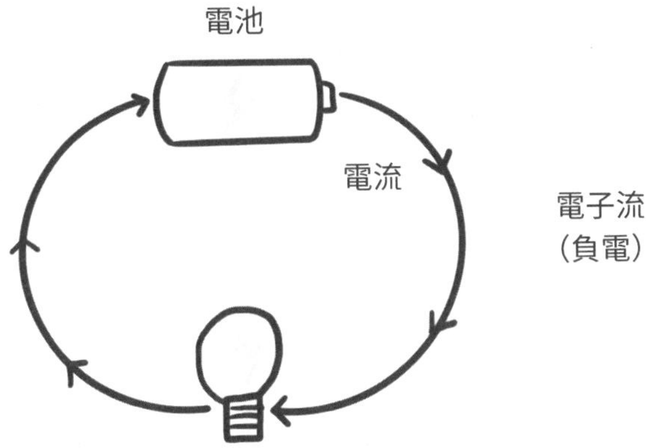

：這麼說來只要通電就能氧化還原？聽起來很暴力欸！

：是啊，因為電解是一種非自發反應嘛！

：呼叫呼叫，我需要外星文翻譯。

：翻譯翻譯，東方王快來翻譯！

：怎麼我教化學教著教著，變成翻譯員了？

食鹽的主要成分是氯化鈉，當中含有的鈉離子也能透過電解還原成鈉金屬。但由於鈉的活性極高，遇水就會反應，所以若想透過電解製備，需要取用熔融態氯化鈉，NaCl（ℓ），來進行實驗，氯離子氧化、鈉離子還原，可以產生氯氣與鈉金屬。

：我想起來了，鈉就是丟到水裡會發出嘶嘶聲然後消失的東西！

：對啊，鈉金屬會和水反應產生氫氣，是一種氧化還原。

：是不是有個和美女有關的口訣？

：你說的是活性次序吧？那美女太猛心若鐵、鈉鎂鋁碳錳鋅鉻鐵⋯

：這個口訣可是有很多故事的！

理化課本提到活性表，將物質在空氣中與氧結合（也就是廣義的氧化）能力由大到小依序寫出，活性越大，意味著元素越容易氧化。

如果不透過電解，但想從某金屬氧化物中取得金屬元素，就要使用活性更大的物質與之反應。舉例來說，工業上會利用碳混合鐵礦，使當中的氧化鐵還原成金屬鐵，不過碳的活性比鋁更小，所以同樣做法無法從鋁礦中的氧化鋁還原出金屬鋁來使用。

（註：水溶液中反應趨勢應參考高中化學提及之氧化還原電位，此處為求與國中小課程接軌採用活性表說明。兩者次序小有差異但大致相似。）

活性表：

鉀＞鉋＞鈉＞鎂＞鋁＞碳＞錳＞鋅＞鉻＞鐵＞鈷＞鎳＞錫＞鉛＞氫＞銅＞汞＞銀＞鉑＞金

地殼含量最豐富的金屬元素**鋁**，同樣具有很大活性，和金屬鈉一樣，需要透過電解方式才能從礦石中分離出來。但因為鋁礦的熔點極高，使煉鋁成本非常貴，直到郝爾找到**冰晶石**作為鋁礦助熔劑，大幅降低成本，鋁金屬才大量應用在各種建材或生活用品上。你或許很難想像，在郝爾法出現前，鋁金屬可是比黃金還貴呢！

：我好想背上整個鋁門窗⋯

：背鋁門窗去旅行？人類果然是奇怪的生物！

：去搭時光機啦，我想要去郝爾法發明前的時代賣鋁，一定賺翻！

：幹嘛不記在腦袋，直接取代郝爾成為煉鋁達人？

1. 課本上提到活性表以及在煉鐵的相關應用。請依照活性原理，用自己的話說明為什麼無法使用二氧化碳滅火器撲滅仙女棒火焰。
2. 氧化與還原反應乍看之下與氧元素有關，但廣義來說跟電子轉移脫不了關係，請查詢使用電子角度描述，相比於氧元素轉移有什麼優點？

中學相關學習內容

氧化與還原反應（Jc）
酸鹼反應（Jd）

搖搖變色瓶，還原又氧化又還原又氧化…

：雖然電解很好玩，但我的電源線…

：不是傷心的時候，這邊還有好多垃圾要收拾，你負責撿寶特瓶…

：這時候好希望有寶特瓶能做的實驗…

：當然有啊，快拿好寶特瓶！

實驗 EXPERIMENT

實驗材料：**馬桶疏通劑（乾燥型，成分為氫氧化納）、葡萄糖、食用四色水之藍色色素（成分為食用色素藍色1號）、寶特瓶、適當容器及攪拌工具**

實驗步驟：

❶ **在200克水中加入4克疏通劑、5克葡萄糖，攪拌待其完全溶解。實驗分量可依寶特瓶大小等比例調整，水量建議在寶特瓶的1/3～1/2。**

❷ 將此溶液倒入寶特瓶中，加入1滴藍色四色水搖勻。由於過量會降低反應效果，所以只要肉眼可見溶液顏色即可。

❸ 靜置一段時間，溶液顏色會逐漸褪去，這時搖晃瓶身，使瓶中氧氣混入溶液，就能氧化使藍色再顯現。這個褪色與顯色的循環可重複數次，效果不佳時可先開蓋補充氧氣，如果還是無法顯色，就再滴入四色水補充反應物。

❹ 隔夜放置後，葡萄糖會反應消耗，而使溶液呈金黃色，此時補加色素，就能製造金黃色、綠色來回改變的變色瓶。如果無法再發生變色循環，建議直接配置新溶液進行實驗。

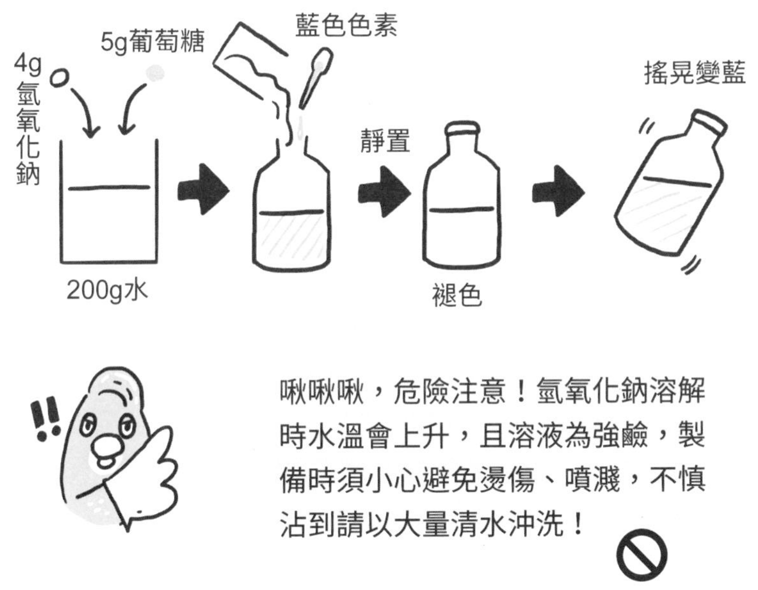

啾啾啾，危險注意！氫氧化鈉溶解時水溫會上升，且溶液為強鹼，製備時須小心避免燙傷、噴濺，不慎沾到請以大量清水沖洗！

：如果這也是氧化還原反應，那哪個顏色是氧化呢？

：想想看，哪個動作促成氧化、顏色又是怎麼變化？

：喔，搖氣體進去時，溶液從無色變成藍色，所以氧化變成藍色。

：那還原的產物就是無色囉？

：沒錯！

步驟（3）中搖晃溶液，可以使空氣中的氧氣混入，並讓溶液由無色變成藍色，因此可推測本實驗中無色產物被氧化後呈現藍色；而一開始的藍色物質則在鹼性溶液中與葡萄糖作用，被還原成無色。這個反應在混合後除了搖晃，沒有添加其他物質，就能看到顏色來回變化，彷彿在兩種狀態間擺盪，又稱為**震盪反應**。

並非所有物質都能氧化還原，發生氧化還原更不代表顏色一定會變化，食用四色水色素中，只有藍色有這種效果，其主要成分為藍色1號，俗稱亮藍。若家中剛好有食用色素藍色2號（又名靛藍胭脂紅），也能取代四色水添加在這個震盪反應，讓顏色更加繽紛多變。

：如果色素能換，那葡萄糖可以換成家裡的砂糖嗎？

：我看看喔，砂糖的成分是蔗糖…都好好吃…

：東方王奴隸，餵明治吃糖的時間到了！

：好喔明治乖乖…

：（不是要講解嗎？）

葡萄糖與蔗糖都是醣類，前者為**單醣**，後者是**雙醣**。雙醣的「雙」表示其為兩個單醣分子脫水結合而成，反過來說，雙醣水解就會變回兩個單醣，常見的單醣有葡萄糖、果醣、半乳糖，常見的雙醣則有蔗糖、麥芽糖、乳糖。其中麥芽糖是兩個葡萄糖結合，蔗糖則是一個葡萄糖及一個果糖結合。

單醣：葡萄糖　　雙醣：麥芽糖

雖然蔗糖可產生葡萄糖，但須搭配酸催化水解反應；而葡萄糖則需在鹼性條件下才能發揮還原能力，所以這個反應無法以家用砂糖取代。不過常見的單、雙醣中，只有蔗糖受限於結構沒有還原能力，其他均能在各自不同條件下發揮效果，又統稱**還原醣**，這裡選用葡萄糖來實驗，是因為成本低又方便取得。

：我又想到了，葡萄糖要進行還原反應，不用蔗糖的話…

：也可以用維生素C嗎？

：吼，我先想到的啦！

：別爭了，快來試試看吧。

這個實驗能以多種不同材料進行，但多數變色過程中均包含藍色，所以又稱為**藍瓶實驗**，用這個關鍵字在網路上搜尋，可以找到

很多配方。當中最常做為變色物質的藥品並不是食用色素，而是**亞甲藍**，亞甲藍也有氧化呈藍色、還原呈無色的特性。

隨著氧化還原，產物呈現不同顏色，這個概念是否讓你聯想到不同酸鹼下有不同顏色的酸鹼指示劑呢？其實亞甲藍在實驗室中也常常做為指示劑使用，不過是**氧化還原指示劑**。

：你不覺得酸鹼反應跟氧化還原有些相似嗎？

：比如說題目都很難，我都會答錯之類？

：吼，我是說都可能有顏色變化、都有指示劑、一個是氫離子和氫氧根，另一個是電子轉移…

：偷偷告訴你，氫離子和氫氧根離子是阿瑞尼士的酸鹼定義，但是廣義來看，也有科學家利用電子轉移來定義酸鹼喔！

：聽起來怎麼很厲害？

：當然啦，化學就是那麼有趣的學問（甩頭髮）。

1 以「藍瓶實驗」為關鍵字蒐集資料，參考原理並針對所找到的配方中藥品特性思考，將所查到的材料大致分為變色物質、反應條件、還原劑三類。

2 果糖也是家中常見的還原醣，將實驗改以果糖進行，挑選客觀數據進行比較，說說你覺得哪種效果較好？

中學相關學習內容

氧化與還原（Jc）
化學反應速率與平衡（Je）

鋁箔就能製氫氣，爆炸實驗聲勢浩大

：用寶特瓶就能裝實驗雖然方便，但才一小瓶感覺沒有爆點…

：不會啊，搖一搖就變色，感覺很吸睛。

：可是我想要真的爆炸，字面上的那種爆點！

：啾啾，我聽到危險的字眼。

：別怕，趁這機會繼續使用氫氧化鈉做實驗吧！

實驗 EXPERIMENT

實驗材料：**馬桶疏通劑（乾燥型，成分為氫氧化納）、鋁箔紙、打火機、寶特瓶、護目鏡或眼鏡等防護**

實驗步驟：

❶ **取寬度約1公分的鋁箔條，將鋁箔撕成指尖大小碎片備用。**

❷ **在100毫升水中加入10克疏通劑（氫氧化鈉），攪拌溶解成氫氧化鈉溶液，倒入寶特瓶中。**

此實驗使用的氫氧化鈉溶液濃度比之前的實驗高，危險性也較高，務必做好防護並小心、緩慢添加。若被噴濺到，須以大量清水沖洗～

❸ 等到瓶中溶液降溫後，將鋁箔紙碎片投入。此時鋁箔會與氫氧化鈉溶液反應產生氣體，水溫也會稍微提高，促使反應速率提高，要小心避免噴濺。

❹ 等到氣體產生速率穩定（瓶中發出的嘶嘶聲變慢），以點燃的加長型打火機靠近，氣體接觸到火焰瞬間，會立刻燃燒並發出爆鳴聲。

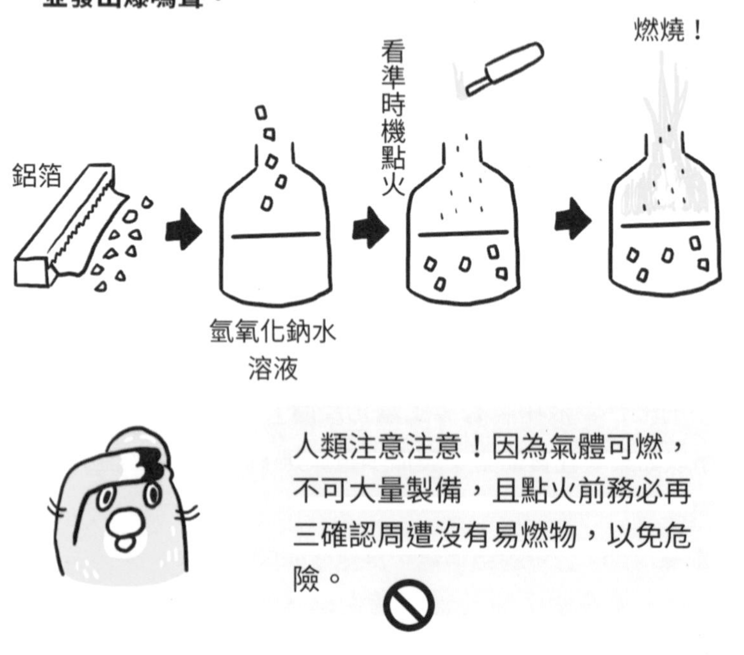

人類注意注意！因為氣體可燃，不可大量製備，且點火前務必再三確認周遭沒有易燃物，以免危險。

：這個特效太帥啦！可燃的氣體…應該不是氧氣吧？

：當然不是，氧氣助燃就是美啊！可燃…難道是氫氣？

：答對啦，這瓶子產生的就是氫氣。

許多物質都可以燃燒，生活常見的燃料大多含有**碳元素**與**氫元素**，像是烤肉用的木炭主要就含碳，燃燒後會產生二氧化碳；家用天然氣、桶裝瓦斯液化石油氣、打火機燃料等，既含碳又含氫，統稱為碳氫化合物，燃燒後產物是二氧化碳及水。

這個實驗的主要燃料是氫氣，仔細觀察點火後瓶身，會看到少許水滴殘留，就是氫氣燃燒後的水蒸氣、凝結而成。相較於二氧化碳易造成汙染，氫氣燃燒產物完全不會造成環境負擔，因此氣態氫加壓製成的**「液態氫」**，是科學家眼中未來能源的最佳選項。

：可是金屬…不是和酸反應才會產生氫氣？

：嘿嘿，這就跟鋁很獨特的性質有關。

活性表提到氧化還原反應發生趨勢，當中某些金屬接觸到含有氫離子的酸性溶液中，會發生氧化反應，進而將氫離子還原成氫氣，所以如果要在實驗室中製備少量氫氣，可以將這些金屬片與酸混合。

但有些金屬不只會與酸反應，和鹼性溶液也會發生反應產生氫氣（這裡涉及較複雜的金屬錯合物，因此不做深入討論），這類金屬統稱為**兩性金屬**，常見的包含鋁、錫、鋅、鉛。這個實驗利用到鋁的這個特性，當鋁箔與鹼性氫氧化鈉溶液接觸，就會產生可燃的氫氣。因為錫也屬於兩性金屬，按照這個原理，改用**錫箔紙**也能做出類似成果！

：氫氣啊氫氣，聽這名字就覺得它很輕。

：是比空氣輕的意思，在漂浮泡泡實驗那裡提過吧？

：沒錯，恭喜兩位人類在可燃氣體實驗中，平安存活！

：為了慶祝，就趁機把前面沒講完的都說一說吧。

氫氣是最輕的氣體，也是同溫同壓氣體中密度最小的，會自然往上逸散。前面實驗我們知道蛋在鹽水中能浮起來，是因為鹽水密度比蛋大，既然密度會影響物質漂浮或下沉，那麼用氫氣吹泡泡，或是將氫氣灌入氣球，就能看到密度較空氣小（俗稱比空氣輕），所以可飄浮在半空中的現象。

氫氣氣球能飄浮，可是遇到火花會燃燒十分危險，因此市售飄浮氣球通常使用安全不反應的**氦氣**製作。

這裡提到比空氣輕或重，其實是和「平均重量」做比較。因為空氣本身是含有氮氣、氧氣、二氧化碳、水氣……等的混合物，無法用單一種物質做代表。所以科學家將各種物質的重量及含量都考慮進去計算出平均，再與常見氣體做比較，結果發現四種氣體二氧化碳、空氣、氫氣、氦氣在同狀況下重量比例關係為**44：28.9：2：4**，這才有二氧化碳比空氣重，氫氣、氦氣比空氣輕的說法。

：來個冷知識，當時拉瓦節為氫氣命名為hydro（水）+genes（產生），就是取能產生水的意思。

：啊，原來上次日文廣告裡的水素，就是在講氫氣。

：答對囉。

：所以…酸素是氧氣、水素是氫氣、我素…愛做實驗的阿樵！

：真是不懂人類的語言，啾！

1 取氣球套在反應瓶口蒐集氫氣，測試看看大約多大的氣球才能具備足夠浮力飄起來？

2 液態氫燃料產物純淨無汙染，備受期待，但也因為某些理由讓它還未普及。上網蒐集相關資料，找出這種燃料沒能普及的原因。

中學相關學習內容

氧化與還原反應（Jc）
有機化合物的性質、製備及反應（Jf）
永續發展與資源的利用（Na）

打火機別亂丟，自製優酪乳瓶酒精槍！

：猜猜看我整理的時候撿到什麼？竟然是打火機！

：愛惜羽毛的明治怕怕！

：別擔心，那是用完的打火機，被隨便亂丟…

：我聽到打火機？那邊剛好撿到一個大小適中的優酪乳瓶…

實驗 EXPERIMENT

實驗材料：廢棄巧拼、廢棄壓電式打火機、廢棄充電線、優酪乳瓶（PP，5號塑膠）、酒精與噴瓶（75%消毒用即可）、縫衣針、打火機、絕緣膠帶

實驗步驟：

❶ 以優酪乳瓶口為尺規，剪下比瓶口略大的圓巧拼當作子彈。為求方便裝卸，可將瓶口處修剪成楔子形。

❷ 將打火機拆開，取出壓電零件，如果是還未用完的打火機，也可拆卸，放置等待液體燃料氣化飄散再使用。此零件上有一條紅色電線，需保留。

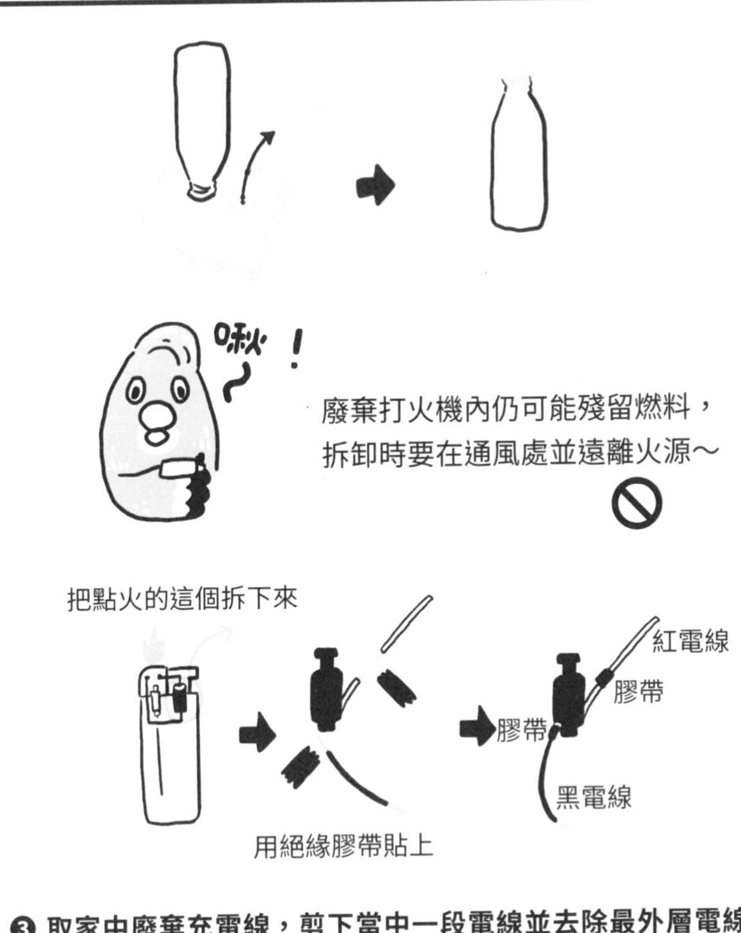

❸ 取家中廢棄充電線，剪下當中一段電線並去除最外層電線皮，此時至少會看見紅、黑兩線，分別取約5公分長，並小心剪掉頭尾兩端紅、黑電線皮，露出當中銅絲方便連接。

❹ 將壓電零件上電線與紅電線端連接，並用絕緣膠帶固定，黑線部分則與零件按鈕附近黑色圓點接觸，再用膠帶固定。

❺ 以打火機燒熱縫衣針後，在優酪乳瓶身戳2個相距約0.5公分的洞，洞的大小足夠讓電線進入即可。

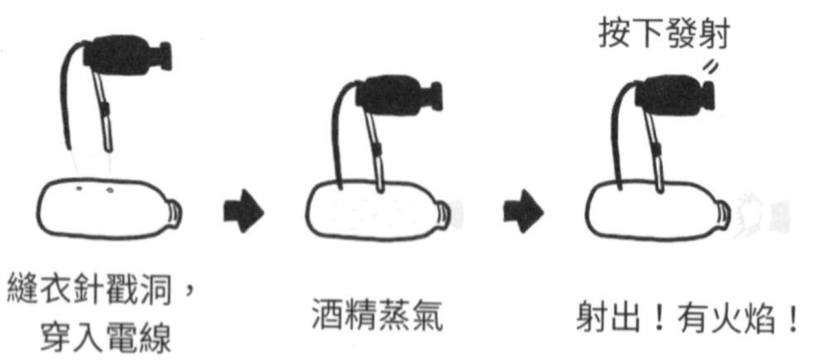

❻ 將兩條電線的銅絲戳入洞中，以絕緣膠帶從外部固定兩線，而自內部觀察，電線兩極不相接觸。

❼ 往優酪乳瓶內噴1～2下酒精，稍微搖晃瓶身讓酒精揮發後，裝上子彈。

❽ 瓶口子彈朝著無人、無火源的方向，按壓壓電零件發射。如果酒精蒸氣多，還能看見瓶口冒出火焰呢！

：帥欸，這個優酪乳瓶太兇狠。

：那這個點火裝置的原理又是什麼呢？

：按下去聲音和瓦斯爐點火時很像！

：是的，兩個都用到壓電零件。

按壓就能點燃的這種打火機，通常是使用內含有具備**「壓電效應」**特性的壓電零件當作點火裝置。這種材料基於晶體內部原子間的特殊排列，在承受外力造成形變時，會影響電荷分布進而產生電流，簡單來說是一種能將承受的壓力（或稱機械能）轉變為電能的裝置。

把拆解下來的壓電零件想成按壓才會產電的電池，兩條電線就分別是電池延伸的正、負極。當正負極互相接觸會引起短路，甚至起火燒壞，非常接近時則能觀察到閃電一般的**電弧**。

平常打火機能點燃，就是仰賴這個電弧，使當中的瓦斯燃料達到燃點，家用瓦斯爐、卡式爐等，點火時會發出相似聲音，都是使用相同原理。所以，有些攜帶式烹煮設備點火裝置故障時，你也可以自己動手把打火機拆下來的零件裝上去替換。

：但為什麼不能用更大的寶特瓶呢？我決定直接動手試試！

：修蛋幾勒！危險操作快快停手。

：用優酪乳瓶而不是寶特瓶，可是有安全考量。

這個實驗利用打火機點火器，點燃瓶中酒精蒸氣，造成氣體體積大幅膨脹，將子彈推擠發射，形成自製的優酪乳瓶酒精槍。由於涉及點火，酒精槍體需採用點火時不會跟著火焰一同燃燒、融化，甚至產生有害物質的材料。這裡使用的優酪乳瓶回收編號為**5號**，主要成分是**聚丙烯**，縮寫**PP**，能耐100～140°C，是屬於可以放入微波爐的**耐高溫塑膠**。

最常見的塑膠瓶為標示**1號**的寶特瓶，成分是**聚乙烯對苯二甲酸酯**，縮寫**PET**。這種塑膠製造成本低，卻**不耐酸鹼及高溫**，裝一般飲料很方便，但不建議重複使用，且遇到約90°C熱水就會融化變形，不能作為本實驗材料。

：我注意到這些叫做聚某某的東西，縮寫都是P開頭，有八卦嗎？

：那是因為它們都是聚合物，ploymer啦！

：依稀有點印象，但是…

：讓我來幫你複習吧！

聚合物是數千個以上的小分子，透過化學鍵結彼此連結後形成的高分子物質，可簡單區分為天然與人工合成兩大類。生活中常聽到的塑膠或是「聚某某」多為**人工合成聚合物**，而蛋白質、澱粉、纖維素等，則屬於**天然聚合物**。

形成聚合物的小分子又稱為該聚合物的**單體**，以實驗使用的5號塑膠聚丙烯為例，其單體就是丙烯；俗稱保麗龍的聚苯乙烯，則是以苯乙烯為單體。天然聚合物則較難從名稱直接看出單體，比如澱粉的單體是葡萄糖，而改換葡萄糖排列的方式，還能聚合成纖維素。

另外，聚合物不必然只包含一種單體，人工合成的**耐綸**就是使用特定種類酸搭配胺類聚合而成，天然的蛋白質單體是統稱為**胺基酸**的物質，不同胺基酸以不同方式排列，就會形成不同功能的蛋白質！

：我在想，酒精用完之後，還能用什麼燃料？

：可以用氫氣嗎？或是直接灌瓦斯呢？

：不知道哪種作法比較不危險。

：並不是點火一定爆炸，要看周圍氧氣以及可燃物含量而定，而會爆炸的濃度範圍稱為爆炸極限。

：這個範圍的下限越低，感覺越危險。

：得動手找找資料了！

：看來經過這麼多實驗，我的羽毛終於安全了，啾！

1. 只需要施力在壓電零件上就能發電，這個特性如此方便，你想到可以應用在什麼地方？
2. 常見的聚合物被統稱為塑膠，一般印象中是種絕緣材料，但2000年諾貝爾化學獎三位得獎者的研究，卻顛覆世人對聚合物的刻板印象。上網搜索看看他們做了什麼樣的塑膠，又可能帶來什麼影響？

中學相關學習內容

電磁現象（Kc）
科學在生活中的應用（Mc）

壓電零件做卡片，想和你一起看電弧

：按壓就有電…而且會看到電弧，如果做成卡片…

：那卡片上要寫…

：我被你電到了？

：不是吧，應該要寫遠離酒精。

：寫內含點火裝置，請遠離易燃物好了。

：欸那個…寫這種警示句的卡片…是什麼鳥啊！

實驗 EXPERIMENT

實驗材料：深色PE板、鋁箔紙、壓電零件、廢棄電線或銅絲、雙面膠、絕緣膠帶、剪刀等工具

實驗步驟：

❶ 剪裁約2公分廢棄電線，去除電線皮，取出銅絲備用。

❷ 以深色PE板當作卡片，並取兩張鋁箔紙剪裁出喜歡造型貼在上面，注意鋁箔紙間距至少3公分，且其中一張的造型最

好有尖角，例如房屋屋頂。

❸ 將銅絲以絕緣膠帶貼在無尖角的圖案(例如雲朵)下端，讓絲線尾端接近但不接觸尖角，兩者間距約0.5公分。

❹ 把壓電零件拆下來，兩條電線分別以絕緣膠帶固定在兩張鋁箔上，完成後按壓零件，就能看見尖角與銅絲最接近處出現電弧，就像是雲朵發出閃電擊中屋頂一樣，完成獨一無二的閃電卡片！

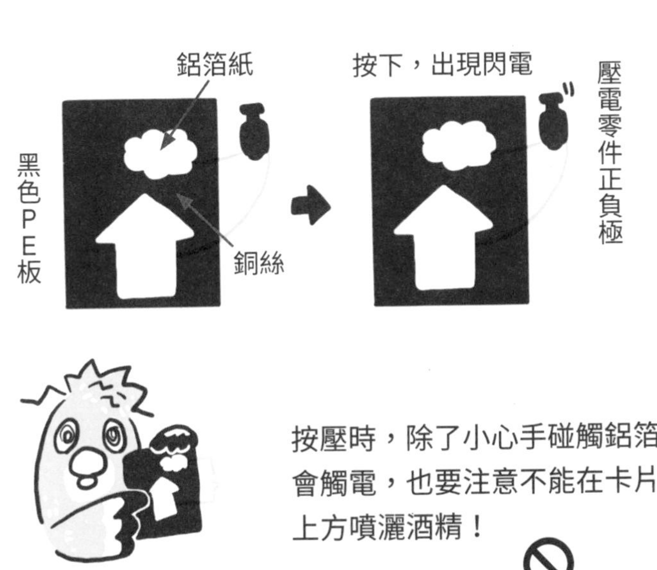

：剛剛摸了一下，覺得觸電的感覺也還好。

：這樣嗎，我也來試試看！

：不好吧，啊，我也被電到了…

：人類是被虐狂嗎？看來這裡只能靠我來說說危險性。

雖然誤觸導電鋁箔處，只會感覺手指有點麻麻的，但能產生肉眼可見的電弧，表示兩極間電壓夠大，手指光是靠近、不實際接觸就可能觸電，實驗時如果常常被電到，可以加長零件上的電線，增加手和卡片的距離。

事實上，壓電零件一次按壓可產生的電壓高達上千伏特，比家用電壓大許多，不過只會在按壓的瞬間出現，並不會對一般人體造成傷害。

但是，體內有安裝**心臟節律器**等電子產品的人，就要避免近距離使用壓電零件，如同醫療警語會建議節律器安裝者，接聽手機須保持30公分安全距離避免電磁波干擾一般。電與磁是相伴的效應，瞬間高壓也會帶來磁場，容易影響節律器運作，實驗時一定要謹慎注意！

：按壓就能發電，如果接上電器…

：但是這個電沒辦法持續很久，可能只能放小東西…這邊有個LED燈，來玩吧。

：如果用LED燈，那麼還有些小地方要注意。

使用壓電零件當然不用擔心電壓問題，但是LED燈又稱發光二極體，內部特殊結構導致它僅單向通電，正、負極必須接在正確腳位才可通電。LED兩腳長度不同便是記號，通常紅色電線是正極，要接在LED燈下方較長的那一側，黑色電線則相反。由於這個實驗裝置裡電線是自行連接，所以如果一種接法沒有發光，可以

將正負極位置互換再試試看。

：小小壓電零件，能帶來無限想像…

：以前聽到這個聲音，只會覺得是打火機、瓦斯爐，現在才知道原來按下就有電，突然有很多點子。

：我也有點子，你們人類快幫我做一張有紅光LED的發亮明治卡片！

能產生壓電效應的材料，稱為**壓電材料**，從天然礦石到人造物質，選擇相當多變。目前最主流的壓電材料是**陶瓷**製，或稱為壓電陶瓷。壓電效應最早是由居禮兄弟──雅各．居禮(Jacques Curie)、皮耶．居禮（Pierre Curie，即科學家瑪莉．居禮〔Marie Curie〕的丈夫）在1980年代觀察石英礦石發現而提出。

1 除了屋頂跟雲，你還想到能在卡片上剪裁什麼圖案，讓電弧融入後成為獨特卡片？快動手吧！

2 壓電效應能將「機械能」轉變為「電能」，回想生活中各種發電裝置，當中涉及哪類能量轉換？搭配轉換效率比較，提出一種你最支持的發電方法。

中學相關學習內容

氣體（Ec）
物質反應規律（Ja）
酸鹼反應（Jd）

瓶子壓扁免動手，交給最潮的氫氧化鈉

：玩了那麼久跟瓶子有關的實驗，我們要到什麼時候才能收拾完？

：分類完還要把瓶子一個個踩扁好麻煩…園遊會好累人！

：真希望不動手，這些瓶子就能自己壓扁！

：欸人類，那樣是魔法吧？

：我聽到你們的願望啦，就來施展科學魔法吧。

實驗 EXPERIMENT

實驗材料：**水管疏通劑（氫氧化鈉固體）、小蘇打、檸檬酸、寶特瓶、加長型打火機、適當容器與攪拌工具**

實驗步驟：

❶ **將5克氫氧化鈉加到50克水中，攪拌溶解備用。**

❷ **在寶特瓶裡加入一小勺檸檬酸、一小勺小蘇打，接著倒入約50毫升水，此時瓶內冒出二氧化碳氣體。**

過程須注意溶液溫度、避免噴濺並做好防護。

❸ 以打火機點火靠近瓶口，若火焰熄滅表示二氧化碳含量充足，可將氫氧化鈉溶液倒入瓶中，並將瓶蓋栓上，簡單搖晃寶特瓶後靜置。

❹ 數秒後瓶子逐漸變扁，在沒有按壓的情況下，寶特瓶自動壓扁了！

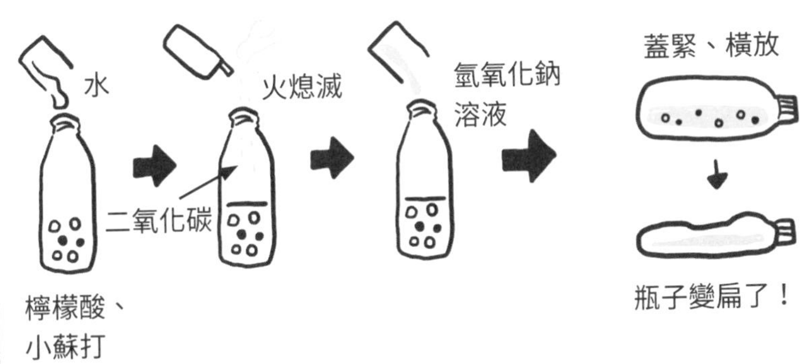

：這是魔法，嚇不倒我的！

：是科學啦，我回想一下氫氧化鈉…啊，是潮解！

：答對了，氫氧化鈉就是潮啊！

氫氧化鈉又稱為**苛性鈉**或**燒鹼**，除了能使酸鹼指示劑變色、和兩性金屬反應外，本身還有**潮解**特性，它會在與空氣接觸時，吸收其中的水氣及二氧化碳，導致固體變得潮濕、甚至積滿水，因而得名。

為了防止收納不慎引發潮解，取出足量氫氧化鈉後，記得要趕快將瓶蓋拴緊、隔絕水氣。

在本實驗中，我們先利用檸檬酸及小蘇打反應製備大量二氧化碳，接著把氫氧化鈉溶液倒入瓶中，這時裡頭的二氧化碳被吸收，造成瓶內氣體大量消耗，就能觀察到明明沒人觸碰，瓶子卻被壓扁的現象。

：潮解…算是氫氧化鈉被稀釋嗎？

：不只呢！當中還有酸鹼中和。

：二氧化碳…難道是傳說中的碳酸！？

二氧化碳溶於水會產生弱酸性的碳酸水溶液，所以氫氧化鈉吸收空氣中二氧化碳時，相當於發生了酸鹼中和反應，最後產生水以及碳酸鈉（蘇打）甚至碳酸氫鈉（小蘇打）。但不管蘇打還是小蘇打都是鹼性的鹽類，也就是說**酸鹼中和不意味著變成中性**。

鹽類酸鹼性差異，源自於溶解時離子在水中發生的反應，我們可以大致歸納：氫氧化鈉為強鹼、碳酸是弱酸，強鹼與弱酸中和後的產物會偏鹼性；強酸與弱鹼中和產物偏酸性；而強酸與強鹼中和，就是中性。

：可以用酸鹼指示劑驗證推理，好好玩！

：但如果氫氧化鈉會潮解，酸鹼滴定實驗不就不準了？

：別緊張，還有標定這招。

面對未知濃度的酸性溶液，可以利用實驗室配製的鹼性溶液與之反應，再透過用量推測酸的濃度，反之亦然，這種操作就稱為**滴定**或是**酸鹼滴定**。酸、鹼溶液本身多呈無色，因此實驗進行時，還需要添加**酸鹼指示劑**輔助我們判斷反應狀況。

說到鹼性溶液，最常使用的就是氫氧化鈉。但氫氧化鈉可能潮解，所以我們就會在滴定前，先使用另一杯酸性標準溶液來滴定氫氧化鈉，用以確認當下鹼的濃度。這個「滴定前的滴定」操作，又稱為**標定**。遇到氫氧化鈉這類會潮解的物質，先標定再進行滴定，可以確保數據更準確。

：氫氧化鈉讓這些二氧化碳瓶都變扁啦，可以收工囉！

：等一下，因為不一定中和，所以…

：要記得打開、倒出來、把瓶子沖洗一下再壓扁回收…

：爸爸媽媽我們錯了，以後會乖乖動手不會偷懶…

：東方王…全班都在瞪你，我很害怕決定先離開，記得買晚餐回來餵我！

1. 上網搜尋使用相同原理進行的二氧化碳噴泉實驗，並試著以生活可得的材料進行實作。
2. 請將本書以及課堂上提到的氣體相關性質整理成表，附上檢測方式。在不考慮製造方式的情況下，尋找一種易溶於水的氣體，作為本實驗可能的替代成分。

科學專欄 不想斷捨離的元素整理術

儘管早在波以耳時期就提出元素概念，但直到道耳頓與亞佛加厥學說問世，我們才終於能用最精簡的方式說明什麼是化學元素──**同一種原子**。一塊純鐵當中含有滿滿鐵原子，取 2 個氧原子可以構成氧氣分子、2 個氮原子結合會形成氮氣分子……氧原子、氮原子、鐵原子甚至金原子都是化學元素，每種元素都有專屬的元素符號。

發現新化學元素搖身變成新興研究領域。由於原子太輕，使用日常重量單位難以描述，所以會用某原子當作基準（例如以氫為 1）進行比較，對應的重量相對數值稱為**原子量**。當科學家發表新元素，也會提出相應的原子量。

在這場新元素發現戰中，19 世紀初電學大師、後世尊稱為無機化學之父的戴維爵士（Sir Humphry Davy），以一個人發現高達 15 種元素居冠，而他採用的電解實驗方法，開啟了元素發現的大門，到了 19 世紀中，已知元素總數高達 60 多種，如何把這些元素好好整理，便成為另一批科學家的研究主題。例如德國科學家德貝萊納（Johann Wolfgang Döbereiner）、英國化學家紐蘭芝（John Alexander Reina Newlands）等。

時間來到 1869 年，這是對科學界非常重要的一年，俄國化學家門得列夫（Dmitri Mendeleev）以原子量為排序依據，發表了歷史上第一張**化學元素週期表**！這張週期表雖與現在的通用版本不同，卻有許多概念相通，像是每隔幾個就會換行維持週期性，同一橫列元素的化學性質類似，縱橫則剛好與現行週期表相反。

這份週期表不只能整理當時所有的元素，門得列夫還發現有些元素按原子量排序時，化學性質規律被破壞，於是大膽提出應當**留空給尚未發現的元素**，有些原子他則推測原子量數據有誤。相較於同時期有相似想法的科學家，門得列夫這做法實在自信又大膽。而隨著後來重測發現最早公告原子量數據的確錯誤，且幾年後某些預言的新元素陸續被發現，這張週期表跨越時代的驚人

新元素就叫做——鍆！紀念門得列夫

價值，終於震驚科學界。

為了表彰他對元素的貢獻，1955 年合成原子序 101 號元素，就是取用他的名字命名為**「鍆」（Mendelevium，元素符號 Md）**，現如今聖彼得堡大學還有門得列夫的坐姿雕像，與他的「週期表之牆」呢！

而現代我們看到的週期表，則是參考 1913 年英國科學家莫斯利（Henry Gwyn Jeffreys Moseley）的研究結果繪製。莫斯利認為採用原子核中的正電荷來排序取代原子量，可以修正門得列夫週期表的問題。隨著之後核中帶正電的粒子「質子」被他的老師拉瑟福發現，週期表更直接以**質子數量**當作原子排序依據，又稱為**原子序**。

可惜發現質子時莫斯利早已因戰爭去世，得年 27 歲，沒能見到自己研究成果的後續發展。拉瑟福自己獲獎，一生更教育出 10 位諾貝爾獎得主，他不只一次感嘆莫斯利英年早逝。這位研究生涯起步兩年就幾乎觸及諾貝爾桂冠的科學家，如果持續投入研究，能帶給世界多大幫助！

參考資料與東方王推薦的科普網站

1. 台中教育大學NTCU科學遊戲實驗室

這裡有很多適合中學生獨立執行（小學生需家長陪同）的實作，網頁以主題分類，實驗涵蓋許多物理、化學原理，是喜歡動手的人的寶庫！

http://scigame.ntcu.edu.tw/

2.《國語日報》科學版：

這是一份專為國小生出版的報紙，其中的科學版不只有實作，更時常邀請專業人士以簡單文字說明複雜科普知識，幫助讀者從小建立良好科學概念。

https://www.facebook.com/childsci/?locale=zh_TW

3. 科學online高瞻自然科學教學資源平台：

上網查找科學資料或專有名詞時，最怕資訊錯誤，但這個網站是由科技部主導，更經過教授審查，可以放心搜索！

https://highscope.ch.ntu.edu.tw/wordpress/

4. 台灣化學教育：

這個電子期刊以教學實務經驗分享為主，包含知識或課堂實作、教學與競賽經驗、相關資源應用等。就算不是教師，也能在當中找到新點子。

http://chemed.chemistry.org.tw/

5. PhET：自由的線上物理、化學、生物、地球科學及數學模擬教學：

這裡有許多免費的互動式教材，可以降低想像微觀粒子或抽象概念的難度。覺得分子的立體構造太複雜？儘管在這裡點開3D模型自由翻轉！

https://phet.colorado.edu/zh_TW/

6. 育網開放教育平台：

如果有興趣想深入學習特定主題，但網路資訊零散、大學開放式課程又太難，那麼育網以通識為主軸，由大專院校專門錄製的課程會是極佳選擇。

https://www.ewant.org/

國家圖書館出版品預行編目資料

化學實驗開外掛 / 陳旆玎（東方王）著. – 初版. -- 臺北市 : 商周出版 : 英屬蓋曼群島商家庭傳媒股份有限公司城邦分公司發行, 民112.4
面 ； 公分. --

ISBN 978-626-318-630-9（平裝）

1. CST: 化學實驗

347　　112003283

化學實驗開外掛

作者 / 陳旆玎（東方王）
繪者 / 楊章君
企劃選書 / 梁燕樵
責任編輯 / 梁燕樵

版權 / 吳亭儀、林易萱
行銷業務 / 周佑潔、周丹蘋、賴正祐
總編輯 / 楊如玉
總經理 / 彭之琬
事業群總經理 / 黃淑貞
發行人 / 何飛鵬
法律顧問 / 元禾法律事務所　王子文律師
出版 / 商周出版
城邦文化事業股份有限公司
台北市南港區昆陽街16號4樓
電話：(02) 2500-7008 傳眞：(02) 2500-7579
E-mail：bwp.service@cite.com.tw
Blog：http://bwp25007008.pixnet.net/blog
發行 / 英屬蓋曼群島商家庭傳媒股份有限公司城邦分公司
台北市南港區昆陽街16號5樓
書虫客服服務專線：(02) 2500-7718・(02) 2500-7719
24小時傳眞服務：(02) 2500-1990・(02) 2500-1991
服務時間：週一至週五09:30-12:00・13:30-17:00
郵撥帳號：19863813　戶名：書虫股份有限公司
讀者服務信箱E-mail：service@readingclub.com.tw
歡迎光臨城邦讀書花園 網址：www.cite.com.tw
香港發行所 / 城邦（香港）出版集團有限公司
香港九龍土瓜灣土瓜灣道86號順聯工業大廈6樓A室
電話：(852) 2508-6231　傳眞：(852) 2578-9337
E-mail：hkcite@biznetvigator.com
馬新發行所 / 城邦(馬新)出版集團 Cité (M) Sdn. Bhd.
41, Jalan Radin Anum, Bandar Baru Sri Petaling,
57000 Kuala Lumpur, Malaysia
電話：(603) 9056-3833　傳眞：(603) 9057-6622
Email：services@cite.my

封面設計 / FE
排版 / 新鑫電腦排版工作室
印刷 / 韋懋實業有限公司
經銷商 / 聯合發行股份有限公司
電話：(02) 2917-8022　傳眞：(02) 2911-0053
地址：新北市231新店區寶橋路235巷6弄6號2樓

■2023年（民112）4月初版1刷
■2024年（民113）4月初版1.9刷
定價 380 元

Printed in Taiwan
城邦讀書花園
www.cite.com.tw

ISBN 978-626-318-630-9